普通高等教育“十二五”部委级规划教材（高职高专）
专业认知与职业规划系列教材

专业认知与职业规划
（建筑装饰类）

江苏工程职业技术学院　组织编写
曹　兵　主　编

中国纺织出版社

内 容 提 要

本书根据刚入学的高职学生的特点，介绍了建筑装饰工程技术专业的行业背景及前景、未来职业岗位和职业环境、专业人才培养目标和方法、专业课程体系、职业规划等相关内容。本书注重理论知识和学生的认识相结合，具有较强的理论性、实用性和可操作性。

本书可作为高等职业院校建筑装饰工程技术等相关专业的教材和教学参考书，也可作为工程技术人员、大学教师等专业人员的参考书。

图书在版编目（CIP）数据

专业认知与职业规划：建筑装饰类 / 曹兵主编. — 北京：中国纺织出版社，2014.11（2021.12重印）
普通高等教育“十二五”部委级规划教材：高职高专
ISBN 978-7-5180-0842-1

I. ①专… II. ①曹… III. ①建筑装饰—职业选择—高等职业教育—教材 IV. ① TU238

中国版本图书馆 CIP 数据核字（2014）第 180717 号

策划编辑：王军锋　　责任校对：余静雯
责任设计：何　建　　责任印制：何　建

中国纺织出版社出版发行
地址：北京市朝阳区百子湾东里A407号楼　邮政编码：100124
销售电话：010—67004422　传真：010—87155801
http://www.c-textilep.com
中国纺织出版社天猫旗舰店
官方微博 http://weibo.com/2119887771
北京虎彩文化传播有限公司印刷　各地新华书店经销
2014年11月第1版　2021年12月第3次印刷
开本：789×1092　1/16　印张：7.25
字数：141千字　定价：28.00元

编　委　会

出版者的话

《国家中长期教育改革和发展规划纲要》（简称《纲要》）中提出“要大力发展职业教育”。职业教育要“把提高质量作为重点。以服务为宗旨，以就业为导向，推进教育教学改革。实行工学结合、校企合作、顶岗实习的人才培养模式”。为全面贯彻落实《纲要》，中国纺织服装教育学会协同中国纺织出版社，认真组织制订“十二五”部委级教材规划，组织专家对各院校上报的“十二五”规划教材选题进行认真评选，力求使教材出版与教学改革和课程建设发展相适应，并对项目式教学模式的配套教材进行了探索，充分体现职业技能培养的特点。在教材的编写上重视实践和实训环节内容，使教材内容具有以下三个特点：

（1）围绕一个核心——育人目标。根据教育规律和课程设置特点，从培养学生学习兴趣和提高职业技能入手，教材内容围绕生产实际和教学需要展开，形式上力求突出重点，强调实践。附有课程设置指导，并于章首介绍本章知识点、重点、难点及专业技能，章后附形式多样的思考题等，提高教材的可读性，增加学生学习兴趣和自学能力。

（2）突出一个环节——实践环节。教材出版突出高职教育和应用性学科的特点，注重理论与生产实践的结合，有针对性地设置教材内容，增加实践、实验内容，并通过多媒体等形式，直观反映生产实践的最新成果。

（3）实现一个立体——开发立体化教材体系。充分利用现代教育技术手段，构建数字教育资源平台，开发教学课件、音像制品、素材库、试题库等多种立体化的配套教材，以直观的形式和丰富的表达充分展现教学内容。

教材出版是教育发展中的重要组成部分，为出版高质量的教材，出版社严格甄选作者，组织专家评审，并对出版全过程进行跟踪，及时了解教材编写进度、编写质量，力求做到作者权威、编辑专业、审读严格、精品出版。我们愿与院校一起，共同探讨、完善教材出版，不断推出精品教材，以适应我国职业教育的发展要求。

中国纺织出版社

教材出版中心

校长寄语

新生们告别紧张繁忙的中学生活的同时，也踏上了接受高等职业教育的新里程，开始了职业技能和职业素质训练的新生活。准备迎接未来社会生活，特别是职业生活的挑战，这其中，最基本的技能便是进行专业认知与职业规划。

作为高职院校的一名新生，进入大学后，特别渴望了解所选专业的几个主要问题，即这个专业都教授什么？学了以后有什么用？应该怎么学，未来如何运用？将来可以做什么，能够做什么？也就是说，将来可以从事何种职业、有何职业选择与成就、今后的发展如何等。这些问题，事关高职学生将来的事业发展与自身成长，自然会引起同学们的高度重视。

“专业建设无疑是高职学校内涵建设的核心内容，也是高职学校建设和发展的立足点。……学校设置一个专业，首先应该明确开设的理由（社会需求）、人才培养的规格（办学定位）、育人的软硬件条件（培养能力）以及专业发展未来的愿景（规划目标）。……学生进入这样的专业，一年级时挖掘出职业乐趣，期待成为毕业生；二年级时建立职业认同感，渴望成为从业者；三年级时形成职业归属感，立志成为行业企业接班人。……专业、学校会是他们一生的平台。”（范唯语）

在高职学校办学与学生择业竞争激烈的今天，作为教师，我们应该精心考量“专业如何与产业对接？如何健康成长、可持续发展而不是短命低效”等问题，还应该深思“专业如何具备行业气质？如何成为学生就业的引擎”的发问；作为学生，应该思索“这个专业能够给我带来什么？我的将来在哪里”。

专业与产业、行业、职业、事业是紧密联系的，专业与知识、技术、能力、素质也是不可分割的。从某种意义上说，选择了什么专业，就选择了什么样的工作岗位、生活方向、人生航道。正因为如此，我们必须懂得自己所走的这条道路通向何方，必须规划好未来的航程。尽管形势或生活的变化可能带来一定的微调，但从专业中所获取的精神与态度、风骨与品格、眼光与境界是相伴我们终生的。

人的一生中最重要的是选择、认知与规划。选择是取舍，是走哪条路的问题；认知是了解，是明确什么路、路上有什么的问题；规划则是具体设计方案，是怎么走、怎么到达的问题。认知、选择与规划是相辅相成的。选择了什么专业，就基本确定了职业方位，接下来就是要在总体了解和认知的基础上，进行精心筹划，确定实施方法和策略，并付诸行动，一场人生战役就此打响，这就是人生“凯旋”的基本步骤。而学业则是从专业到达职业彼岸的一叶扁舟。因此，专业认知也好，职业规划也罢，其关键点在于学业。学业精通与否，决定了职业规划实现的高度、宽度与长度，从而也决定了人一生的厚度与精度。

为了灿烂的前景与正确的前行方向，请准确认知与从容规划，并且勤学苦练。希望我院组织编写、出版的这套“专业认知与职业规划系列教材”能够从源头上提高同学们对专业的认同感，增强学习的积极性和主动性，帮助大家设计好自己的学业规划。

最后，预祝新生们通过几年的努力学习，能够顺利走向职场，实现自己的人生目标！

江苏工程职业技术学院院长 王毅

二〇一四年六月

前言

高等职业教育的目标是培养适应生产建设（管理、服务）第一线需要的德、智、体等方面全面发展的技能型人才。为了帮助刚入校的学生对自己所学专业有较全面的认识，同时对自己未来的职业规划有一个清晰的认识，江苏工程职业技术学院教务处组织全院所有专业在学生入学初开设专业认知与职业规划课程，通过三年的实践，取得了较好的效果。为此，学院组织教师编写系列教材，将在教学过程中积累的经验理论化、规范化和系统化。

本书共分为四个专题，分别为了解行业、感知职业、认知专业和职业规划。

本书由江苏工程职业技术学院曹兵统稿和定稿并担任主编，具体分工为：江苏工程职业技术学院曹兵编写专题一、专题二，江苏工程职业技术学院储乐编写专题三、江苏工程职业技术学院管洪平编写专题四。

本书编写过程中，编者参阅、引用了许多有关的资料，在此向原作者表示感谢。此外，江苏东保建筑装饰有限公司周成国、南通四建装饰工程有限公司张爱民为教材的编写提供了大量的素材，并对教材的内容提出了宝贵的建议，在此表示由衷的感谢。

由于编者水平有限，书中可能存在某些不妥、缺点甚至谬误，敬请广大读者和同行不吝赐教。

曹兵

2014年8月

☞ 课程设置指导

课程名称：专业认知与职业规划

适用专业：建筑装饰工程技术

总学时：24

理论教学时数：16

实验（实践）教学时数：8

课程性质：本课程为建筑装饰工程技术专业基础课，是必修课。

课程目的

1．学生通过行业概述、专业认知的学习熟悉本专业所属行业，了解行业发展前景，认同成功人士的经验。

2．初步了解高职教育的特点，学校的办学特色，专业的关联性以及感知专业的工作环境。

3．初步理解本专业人才培养方案和专业课程的设置思路，认可专业教学方法和专业学习方法。

4．提前初步设计学业生涯和科学合理规划自己的职业生涯，建立学习的信心。

5．通过专业考察，进一步帮助学生熟悉专业的职业环境，了解自己未来的工作情景。

课程教学的基本要求

教学环节包括课堂教学、现场教学、作业、课堂练习、完成。通过各教学环节重点培养学生对知识理解和运用能力。

1．课堂教学：在讲授基本概念的基础上，采用启发、引导的方式进行教学，分析本专业的行业背景和前景、职业方向和对个人能力的要求，专业学习方法等。

2．实践教学：本课程中为现场教学，安排学生到装饰公司和装饰工程项目现场，通过现场讲解装饰企业的运行特点和装饰项目的实施过程，提高同学们理论联系实际的能力。

3．课外作业：每章给出若干思考题，尽量系统反映该章的知识点，布置适量书面作业。

4．考核：采用课堂练习、阶段测验进行阶段考核，以完成教师规定的任务作为全面考核。

教学学时分配

专题	讲 授 内 容	学时分配
专题一	了解行业	4
专题二	感知职业	4
专题三	认知专业	4
专题四	职业规划	4
社会实践	参观装饰公司和装饰项目现场	8
合　计		24

目　录

专题一　了解行业

学 习 目 标

通过本专题的学习，学生能了解装饰装修的含义；了解装饰行业的发展历史及未来发展趋势；了解建筑装饰行业主要企业的发展情况；能分析影响装饰行业发展的因素。

学 习 任 务

通过学习和查阅文献、网络资料，走访相关建筑装饰企业和装饰材料市场，分析建筑装饰行业的现状。

一、认识装饰装修

1. 装饰装修概述

人生活在社会当中，其本质就是对生活的物质文化追求，衣、食、住、行正是多方面的物质文化体现。衣，体现的是礼仪文化；食，体现的是饮食文化；住，体现的是建筑文化；行，体现的是运动文化。

建筑装饰装修是指为使建筑物、构造物内外空间达到一定的环境质量要求，使用装饰装修材料，对建筑物、构造物外表和内部进行修饰处理的工程建筑活动。建筑装饰装修主要包括公共建筑装饰装修、住宅装饰装修和幕墙工程装修三大组成部分（图1–1）。建筑装饰材料行业为公共建筑装饰行业的上游行业，旅游业（酒店、饭店等）、写字楼、非盈利组织（政府工程、医院、学校等）为公共建筑装饰行业的下游行业。完整的建筑装饰装修产业链包括设计、施工、材料供应、工厂化部件加工等环节。

与土木建筑业、设备安装业等一次性完成业务不同，每个建筑物在其完成直到整个使用寿命的周期中，都需要进行多次装饰装修，酒店类公共建筑物一般5～7年更新一次，其他建筑物一般不超过10年更新一次。因此，建筑装饰行业的发展具有乘数效应和需求可持续性的特点，未来市场空间不仅仅取决于新建房屋建筑的数量及面积，也取决于需要再装修的房屋

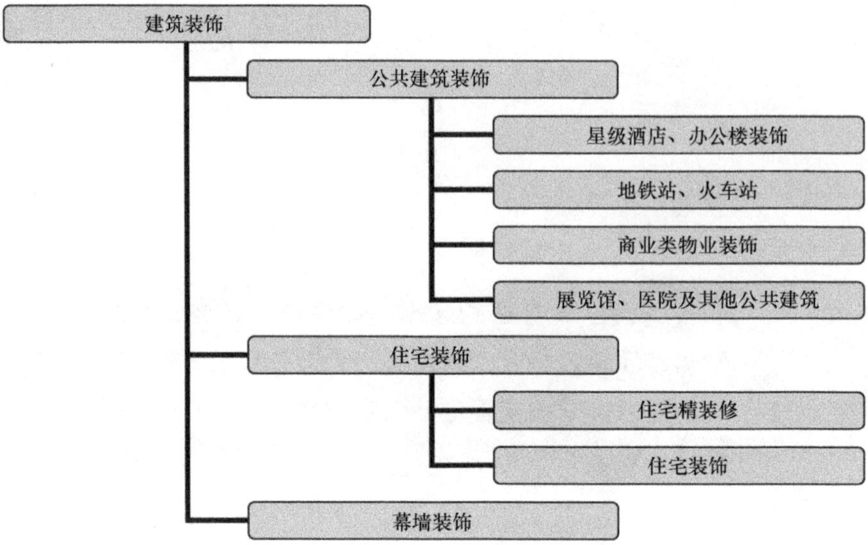

图1–1 建筑装饰行业细分情况

建筑物的数量。

建筑装饰装修属于建筑工程的分部工程。由于建筑工程以施工为重点，所以建筑装饰装修强调的是“装修”，且以室内装修为主。当前对于装饰装修，有“轻装修重装饰”的说法，说明“装修”与“装饰”有区别与联系。“装修”主要指利用不同的建筑材料固定在建筑主体结构上的表面美化处理，如地砖、石膏顶、涂料墙纸等。“装饰”主要指在装修表面上进行的可移动的摆设或简单固定的美化处理，如家具、窗帘、织物、字画、盆栽等。

2. **装饰装修的分类**

装饰装修的分类很多，主要有以下分类：

（1）按施工位置的不同，装饰装修分为“内装修”和“外装修”，“外装修”主要指建筑物的外部墙面、地面装修，如外墙涂料、外挂石材、金属幕墙、玻璃幕墙等，如图1–2所示；“内装修”主要指建筑物内部的顶面、地面、墙面的装修，如图1–3所示。

（2）按使用用途不同，装饰装修又习惯被分为“工装”和“家装”。“工装”泛指有一定规模的公共建筑物的装修工程，“家装”则指以“家”为单位的居民个人住宅内装修。“工装”也可称为“公装”。无论是公共建筑或个人住宅，“装修”均属于工程类。“公装”相对于“家装”，更能体现装修的使用用途不同，关于“公装”与“家装”既有区别也有联系。

公装与家装的本质区别在于二者所服务的使用对象不同，公装的对象是公众群体，而家装的对象是居家个人。由于对象的使用功能要求及目的不同，故公装与家装的侧重点有所不同，公装侧重于从公共用途角度考虑，而家装侧重于从居家个人用途考虑。

公装与家装可从设计、材料、施工三方面去区别。家装设计偏重于风格化、个性化、舒适化，公装设计偏重于公众化、功能化、商业化，但两者设计都需要氛围效果的创造；在使用材料上，家装对材料的要求更多样化、品质化、个性化，公装对材料的要求更经济化、实用化、大众化；在施工方面，无论是工艺或是质量，二者都有一定的规范要求，但家装工序更全面、工艺要求更精细。

图1-2　建筑外立面装修

图1-3　建筑内部装饰

二、建筑装饰装修行业发展状况

1. 行业概述

所谓行业是指按生产同类产品或具有相同工艺过程或提供同类劳动服务划分的经济活动类别。行业的好坏，直接影响该行业从业人员的现在和未来。从历史看，没有永远好的行业，也没有永远差的行业，行业的景气受到外界各种因素的影响，同时也受到行业内在各种因素的影响。影响行业的外因主要有宏观经济指标波动、经济周期、上下游产业链的供应需求变动，内因主要有行业的产品需求的变动、生产能力的变动、技术水平的变化及产业政策的变化等。

根据相关部门预测，我国未来最具有发展潜力的行业主要有以下几种。

（1）网络信息咨询与服务业。当今的时代是一个信息时代，信息网络技术的发展使人们对网络信息的依赖也越来越大，网络信息服务也成为社会上的一个重要的行业。这个行业包含了网上购物、商业信息服务、广告媒体服务、技术信息咨询与服务等。

（2）房地产开发业。随着住房政策改革和住房的商品化，房地产开发业成为一个繁荣兴旺的行业，购房也成为每个家庭的一件头等大事，房地产开发业也因此面临无限的商机，并因此带动了与之相关的房地产开发、咨询、销售业务、物业管理、租借、二手房转让行业的迅速发展。房地产开发具有巨大的市场，也具有较高的利润回报，因此，成为众多房地产投资者的青睐。

（3）社会保险业。随着国家经济的进步和社会保障体系的不断完善，人们的安全防护意识也不断提高，保险意识越来越强。对于一般的家庭来说，都意识到了花少量投入，保证家庭财务和成员的生命财产安全。因此，保险业也日益受到人们的重视。

（4）家用汽车制造业。国家经济的飞速发展和人们物质生活的不断提高，家庭对汽车的需求量也呈不断上升趋势，个人对家用汽车的需求将在今后相当长的时间内持续上升，给家用汽车制造业带来前所未有的机会，商家也将从中获得丰厚的利润。同时，家用汽车市场的发展还将带动汽车配件、维修以及相关的技术产品生产业等行业的发展。

（5）邮政与通信业。在当今的快节奏高效率的时代，人们对信息传递快捷性、同步性的要求越来越高，对相关通信产品（如电话、手机、传真机）以及通信服务的需求也越来越高，目前中国的电话与移动电话人均拥有率远低于世界平均水平，中国通信市场的开发潜力巨大，这将给通信业带来新的机遇和丰厚利润。

（6）老年医疗保健品业。专家预测到2050年，我国老龄人口将超过4亿人，中国也随之步入人口老龄化的社会。老年人比例的增加带来很多医疗、保健、社区服务等方面的需求的增加。因此，从事老年人保养品、药品、生活必需品、社区服务等将具有很大的发展前景，并形成一个独特的产业。

（7）妇女儿童用品业。随着人们对生活质量要求的提高，尤其是女性朋友和儿童对服装、化妆品、洗涤用品以及生活中的一些必需品的需求也越来越大。在这些用品上的投入也比较高，并带动相关的产业的迅速发展，在未来的社会发展中，这一行业的仍然有巨大的发展潜力。

（8）旅游休闲及相关产业。人们生活水平的提高以及节假日数量的增多，外出旅游休闲成为人们生活中的一件很平常的事情。人们旅游休闲的机会也越来越多，这不仅带动了旅游业的发展，同时也代用了服务业、运动产品、体育场馆、旅行社、旅游产品等行业的繁荣发展，形成了一个促进经济发展的强大产业。

（9）建筑装饰装修业。国内城市的居民住房的商品化，带动了装饰装修业的发展，室内装饰产品和装修工程承包业成为一个获利丰厚的行业。据有关部门的统计资料表明，当前城市居民装修住房的投入在10万～20万元之间，并促进了装饰材料业的发展。

（10）餐饮、娱乐与服务业。社会生活节奏的加快使人们对快餐业的需求增加。虽然国外的西式快餐业在中国迅速发展，但是，西餐式的快餐业更多的是针对儿童市场。对于中国人来说，更习惯于中国式的快餐，因此中式快餐业在未来社会发展中将占有重要的地位。

作为提高居民生活质量的装饰装修业，目前在处在一个高速发展期，其发展潜力将不可限量。

2. 我国建筑装饰装修行业概况

（1）建筑装饰装修行业（简称装饰业）发展历史。建筑装饰行业的发展与国民经济的发展水平息息相关，它不仅为国家、社会创造了大量的物质财富，同时带动了众多行业的发展，拉动了社会需求，推动了社会消费，还解决了上千万人的就业问题，在国民经济和社会发展中占有日益重要的地位。

新中国成立（简称建国）以来，我国建筑装饰行业逐步发展成一个专业化领域，总的来说，我国建筑装饰行业经历了恢复时期（建国后～50年代中期）、萌芽时期（50年代中期～1978年）、形成时期（1978～1990年）、快速发展期（1990～2005年）和繁荣时期（2005年～至今）。

①恢复时期。该时期建筑装饰形式简单，依附于建筑行业，没有专门的装饰企业和设计人员。

②萌芽时期。以“人民大会堂”为首的国庆十大工程，促使产生专业的设计人员，院系开始设计相应的专业，初步改变了建筑装饰设计仅是建筑设计的一部分的局面。

③形成时期。该时期楼堂场所大量建设，市场以公装为主，建筑装饰企业大量出现，但大型工程仍然被外商、港商承包。

④发展时期。该时期商业类建筑和办公类建筑的大量兴起，成为建筑装饰行业发展的新的增长点。同时，从20世纪90年代中期开始，家庭装饰业逐渐走向社会，装饰行业开始规范，有了自己行业的统计数据。

⑤繁荣时期。该行业加速发展，设计标准、工程规模、资金投入都远远超过20世纪，行业的发展呈现凭设计、做口碑、团队合作、技术创新、精品战略、全国化发展等。

根据中国建筑装饰协会统计显示，目前建筑装饰行业企业总量为15万多家。其中，从事公共建筑装饰行业的企业有4万家，占行业企业总数的26.67%；从事住宅装饰装修行业的企业约有11万家，占行业企业总数的73.33%，如图1-4所示。在装饰行业从业人员中，一线操作工人为1500万人，从事材料流通服务人员为250万人；从事市场中介人员为60万人，从事企业管理与技术研发人员为90万人。其人员结构如图1-5所示。

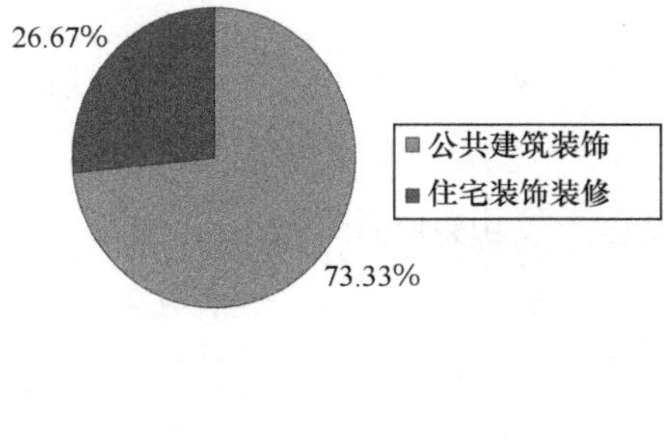

图1-4　建筑装饰企业结构图

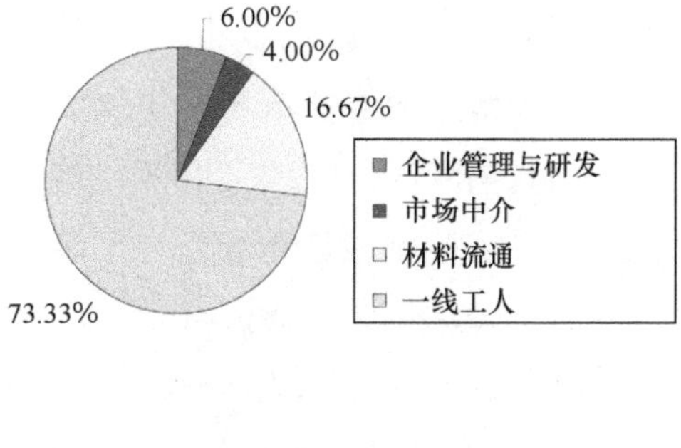

图1-5　建筑装饰行业人员结构图

（2）我国建筑装饰装修行业发展特点。根据我国装饰装修协会的统计，在过去的五年中，我国的装饰装修行业呈现以下特征。

①行业规模。“十一”五期间，建筑装饰装修行业年工程产值总量由2005年的1.15万亿元，提高到2010年的2.1万亿元（图1-6），总体增长82.6%，年平均增长速度达到13%左右，高于同期全国经济增长水平近3个百分点，行业规模的大幅度增长，表明行业仍然对宏观经济发展具有较强的拉动作用，并具有较强的增长性、持续性、稳定性。

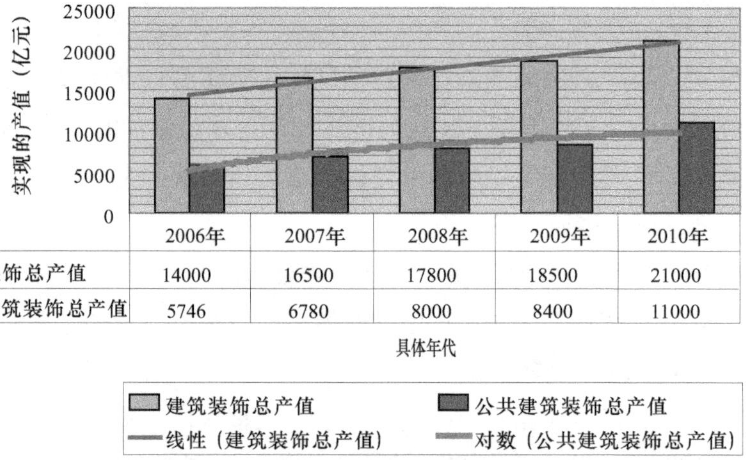

	2006年	2007年	2008年	2009年	2010年
建筑装饰总产值	14000	16500	17800	18500	21000
公共建筑装饰总产值	5746	6780	8000	8400	11000

图1-6　“十一五”规划期间我国建筑装饰行业的发展情况

②从业者队伍。建筑装饰装修行业从业者总量由2005年的1100万人增加到2010年的1500万人，增长幅度达到36.4%左右。劳动力增长比行业规模增长减幅在45%以上，表明行业的劳动力生产水平有了较大提高。

③公共建筑装饰装修市场。公共建筑装饰装修市场快速增长，使公共建筑装饰装修市场年总产值由2005年的5500亿元，提升到1.1万亿元，增长幅度为100%，五年翻了一番，年平均增长率达到了14.8%。

④建筑幕墙专业市场。建筑幕墙专业年工程总产值由2005年的620亿元，提升到1500亿元，增长幅度达到142%，年平均增长速度达到19%，表现出极强劲的发展态势。

⑤住宅装饰装修市场。住宅装饰装修专业年工程总产值由2005年的5500亿元，提升到2010年的9500亿元，增长幅度达到72.7%，年平均增长速度达到11.16%，表明住宅装饰装修产值增长幅度有所放缓。

（3）我国建筑装饰装修行业不足之处。由于行业的高速发展，在发展过程中也呈现了一些不足之处，主要有以下几方面。

①企业发展不平衡、产业化水平差距正在拉大。绝大多数企业规模小、经营能力差、操作水平低，仍然处于传统的运营模式。少数大企业开始注重向产业化方向发展，并在管理模式、工程运营、技术及施工工艺等方面取得进步，但由于时间较短、制约因素较多、社会认同程度低等原因，产业化水平仍然不高。

②企业创利水平正在逐年下降。受企业间缺乏差异化经营、价格仍然是竞争的主要手段、最低价格中标等因素的影响，建筑装饰工程造价不断降低，并时常面临甲方的克扣、拖欠和赖账。而人工成本及能源、材料、部品价格大幅度上涨，加上税费较高、工程保证金过高并长期扣压、结算周期过长、社会保险负担过重等因素的影响，使得建筑装饰工程项目的创利能力不断下降。

③市场管理仍然不够规范。管理市场的主体及其法律地位不明确、管理手段不到位、管理的效果不明显，仍然存在政出多门、制度建设滞后、对业主约束力差、部分地区地方保护措施不合理、市场操作不规范、大量企业游离在行业管理之外的现象。特别是住宅装饰装修市场，主管部门长期未能明确、无机构主管、放任企业承接工程，市场管理更不规范。

④行业整体诚信水平不高。材料生产经销企业存在着偷工减料、以次充好、粗制滥造等损害业主及消费者合法权益的现象；业主存在着工程欺骗、恶意压价、肢解工程、拖延结算、违规操作、拖欠工程款等损害工程企业合法利益的现象；工程企业也存在坑蒙业主、拖欠货款、克扣工资等现象；从业者队伍存在着恶意跳槽、私拿回扣、私揽工程、盗卖资源等现象，造成行业运行中潜规则多、市场风险大、交易成本高、社会认知度低。

⑤行业的创新能力不强。行业在工程设计中具有创新的原创设计少，抄袭、克隆、仿制的现象极为普遍；企业、项目管理模式同质化，管理的专业化、差异化、优质化发展能力较低，主导施工技术的变革与发展缓慢，这些因素导致行业的精品工程、创新工程、传世工程不多。

⑥一些深层次问题亟待解决。行业市场管理、工程招投标、劳动力资源分配、专业人员评定以及企业生存与运作中，都存在着不符合社会主义市场经济规律的弊端。特别是劳动力管理制度与市场状况严重扭曲；在率先改革开放的某些地区，企业改制落后、行政束缚过多，影响地区及企业的发展；对项目实施监督、执法的部门过多、过滥、不规范；在某些专业工程市场中，中介顾问咨询公司数量过多、水平过低、无规范制约等问题，都需要政府有关部门予以解决。

（4）我国建筑装饰装修行业“十二五”规划。根据我国建筑装饰行业“十二五”规划，我国建筑装饰装修行业发展目标如下。

①“十二五”行业规模的发展目标，行业2015年工程总产值力争达到3.8万亿元，比2010年增长1.7万亿元，总增长率为81%，年平均增长率为12.3%左右。

在全部工程总产值中，公共建筑装饰装修（包括住宅开发建设中的整体楼盘成品房装修）争取达到2.6万亿元，比2010年增长1.5万亿元，增长幅度在136%左右，年平均增长率为18.9%左右；其中建筑幕墙要达到4000亿元，比2010年增长2500亿元，增长幅度在167%左右，年平均增长率为21.3%左右。

住宅装饰装修（单个家庭独立装修工程）争取达到1.2万亿元，比2010年增长2500亿元，增长幅度在26.3%左右，年平均增长速度为4.9%左右。

行业总产值中，海外工程产值力争达到5000亿元，比2010年增长3000亿元，增长幅度在150%左右，年平均增长速度在20%左右。

②“十二五”的企业发展目标。到2015年，中国建筑装饰行业的企业总数力争控制在12万家左右，比2010年减少3万家，下降幅度为20%左右。

企业结构与品质力争发生重要变化，取得建设行政主管部门核发工程资质的企业数量争取达到7万家以上，增长幅度为20.7%。

在企业做大、做强、做专、做精方面，力争取得新的进展，形成一批拥有自主知识产权核心技术的专业工程企业；以工程企业为核心的集团式装饰企业数量争取达到100家；在企业发展的基础上，上市的建筑装饰工程类企业数量力争达到25家以上。

行业内领军企业的产值力争有大幅度提高，其中建筑幕墙专业50强的平均产值争取达到30亿元；最大领军企业2015年的工程产值力争达到350亿元左右，比2010年增长230亿元左右，增长幅度达到190%左右，年增长速度在24%以上。

公共建筑装饰装修100强企业的平均产值力争达到25亿元，最大领军企业2015年工程产值力争达到180亿元，比2010年增长110亿元，增长幅度达到160%左右，年增长速度在21%以上。

住宅装饰装修专业的最大企业，2015年工程产值力争达到40亿元以上，比2010年增长20亿元，增长幅度在100%左右，年平均增长速度在14.8%以上。

③“十二五”行业从业者队伍建设发展目标。到2015年，行业的从业者总数力争达到1800万人，比2010年增加300万人，增长幅度为20%。在工程产值预计增长81%的前提下，劳动力增幅相对下降，劳动力素质需要大幅度提高。

在整合社会资源、加大教育投入、完善教育体制与机制、搭建人才培养平台的基础上，着力调整行业的人才结构，提升从业者队伍的整体素质。力争通过技术发展和人力资源水平的提高，使行业年平均劳动生产率由2010年的14万元/人，提高到21万元/人，增长幅度达到50%。

到2015年，建筑装饰行业从业者队伍中，受过系统高等教育的人数力争达到250万人，比2010年增加100万人，年平均增加20万人。每年新增从业者中，受过高等教育的人员争取占到50%左右。

行业内持证上岗的人员比例要进一步提高，东部地区的比例力争达到90%以上；中部地区的比例力争达到80%以上；西部地区的比例力争达到60%以上。

到2015年，力争形成一支在社会上有较强影响力的设计师、工程项目管理团队。设计师队伍人员总数争取达到120万人，比2010年增加40万人，其中，中高级设计师总人数争取达到12万人，比2010年增加7万人，高级设计师争取达到1万人，并产生出在国际上有影响力的名牌设计师；项目管理人员力争达到40万人，其中一级注册建造师争取达到18万人，比2010年增加7万人。

在"十二五"期间力争造就一批有成就的企业家，形成高端人才队伍，一方面扩大行业的社会影响，一方面为行业转变发展方式，实现可持续发展提供重要保障。

④"十二五"行业的技术发展目标。到2015年，建筑装饰行业工程主导技术力争实现重大突破，标准化、工业化部件部品的比重要大幅度提高，要认真借鉴国内、外经验，在新建工程项目中，成品化率争取达到80%以上；在改造性项目中，成品化率争取达到60%以上。

在配合施工现场成品化率提高的实用技术方面要有新的进展，在拼装、组装技术研发、工业化生产制造技术应用、模数化、标准化设计方面，力争形成一批新的成果。

在幕墙技术方面，要根据国家节能标准的要求，进一步加大新型幕墙技术的研发与应用，力争实现我国建筑幕墙行业由生产、应用大国向技术强国的转化。

在新型光伏幕墙、呼吸式幕墙、单元式幕墙及新型节能型材、面材应用，以及节能门窗制造与应用技术方面，争取形成一批具有自主知识产权的核心技术，力争达到国际领先水平。

在节能减排技术方面，要进一步推动绿色、节能、环保的装修设计；普及应用节能、节材、节地的产品与技术；研发既有建筑的节能减排技术，并形成一批具有自主知识产权的实用技术。

推广应用新的翻新技术、替代技术、综合利用技术等资源节约型技术，力争达到国际领先水平，使节能减排、环保安全技术的整体水平达到或接近国际先进水平。

在企业技术装备方面，要进一步加强企业的信息化建设，提高企业、项目管理的智能化水平，力争实现设计、生产加工、现场作业、仓储保障等全过程的智能化控制。要以信息化、智能化系统建设为基础，进一步提高管理效率和资源利用效率。

⑤"十二五" 行业的环境发展目标。要进一步宣传、贯彻、落实国家宏观环境政策和环境保护的相关标准、规范。到2015年，随着产业化、工业化的发展和环境保护制度的落实，争取环境负荷进一步降低。其中万元产值装饰装修工程产生的垃圾数量，力争比2010年下降40%；万元产值的有害物质排放量，力争比2010年下降50%；竣工工程的能源、水资源的消耗量，力争比2010年下降30%。

要通过施工现场生产技术的发展、新材料的应用、成品比例的提高、物资回收制度的完善，减少施工作业中的噪声、粉尘、震动，降低污水排放、异味排放、废弃物数量，提高施工现场的环境质量水平。

三、建筑装饰行业发展影响因素与经济形势

1. 建筑装饰行业影响因素分析

建筑装饰行业受国民经济的发展和旺盛市场需求拉动，预计将保持长期稳定的发展，主要原因如下。

（1）国家宏观政策影响大。建筑装饰行业作为建筑业的重要组成部分，在国计民生中占有极为重要的地位，在全面建成小康社会中发挥着无可替代的作用，是社会、政府高度关注的行业。国家宏观经济政策的调整，对建筑装饰行业的发展，具有强烈的影响力。

①保障性住房建设的影响大。保障性住房建设自2009年开始启动，2011年达到高峰，全年建设1千万套，到2012年进入室内装饰的高峰期。保障性住房装饰装修，原设想会由结构施工企业完成，但由于政府对此项惠民生工程高度重视，现主要是由专业建筑装饰工程企业独立分包完成，对建筑装饰行业，特别是住宅装饰装修市场影响极大。

第一，对促进住宅装饰装修的产业化具有强大的推动作用。保障性住房建设是为解决城市低收入家庭的住房问题，全部是精装修的成品房，不需要也不允许二次装修，而且住宅基本功能配置要求十分齐全。保障性住宅装饰装修不仅解决了城市弱势群体参与享受发展成果问题，对开发商有很强的指导与引领作用，对建筑装饰工程企业形成新的专业市场也具有很强的推动作用。保障房装修提升了企业采购平台建设、资源整合与分户施工管理能力，为适应房地产开发商成品房装修积累了经验。

第二，对住宅装饰装修价格体系的完善发挥了重要作用。保障性住房全部是精装修后的成品房，装修造价一般控制在350～400元/㎡，还要保证质量和环保。在政府采购平台以大规模集团采购价格优势的支持下，专业装饰装修企业很好地完成工程并有微利。这一价格水平为住宅装饰装修价格体系的丰富和完善起到了重要作用，对商品房精装修造价起到了一定的指导作用。

②既有建筑物节能改造影响大。国家既有建筑物节能改造的政策的实施，要通过建筑装修改造完成。对既有建筑物进行节能改造，是建设资源节约、环境友好型社会的重要内容，也是建筑装饰行业未来发展的一个重要方向。2012年，国家对既有建筑物节能改造的力度加大，大城市中老的居民区楼房的楼顶改造、外墙外保温、金属门窗等改造大面积展开，形成了一个巨大的细分专业市场，为建筑装饰行业的可持续发展提供了新的市场资源。建筑装饰工程企业应该高度重视这一细分市场，积极做好技术、施工管理等方面的储备，形成新的比较优势，在既有建筑物节能改造中发展好企业。

③国家税制改革影响大。营业税改增值税是为了减轻企业的税负，增强企业发展活力，为此国家在2012年进行了整个建筑业营业税改增值税的试点工作。根据试点地区的实际情况分析，建筑装饰工程企业，特别是从事建筑室内装饰装修工程设计、施工的企业，由于施工

工地分布地域广、涉及材料品种繁多、合作的厂商涉及的经济门类多、甲方供应的材料量大且范围广、绝大多数供应商为小型企业、劳动定额价格与市场实际价格差异巨大、工程付款方式复杂、工程款长期拖欠等诸多因素的影响，税制改革后，企业的税负不但没有减轻，反而大幅度增加，严重恶化了装饰企业的生存状况，已经引起各级政府相关部门的高度重视。

④国家对房地产市场调控影响大。政府对房地产市场调控的常态化，也对建筑装饰行业，特别是住宅装饰装修市场的影响极大。本轮国家对房地产市场的调控，是以抑制不合理需求为重点，采取限制购房、提高购房贷款首付比例和利率等手段，把投机性、投资性需求挤出市场。经过2012年政府、房地产商、购房者等各方的博弈，刚性需求得到了恢复，购房者是以改善性、刚性自住需求为主体，购房后就装修的比重大幅度提高。政府对房地产市场的调控，对提升住宅装饰装修市场容量，缩小房地产开发与住宅装饰装修增长之间的巨大差距发挥了重要作用。

⑤国家农民工政策影响大。农民工是构成建筑装饰行业从业者的重要组成部分，当前国家对农民工的政策，造成建筑装饰企业成本高、风险大、责任超重。国家劳动价格定额一般五年才做调整，调整的幅度远低于劳动力市场的实际价格，目前差距是3～5倍。同时，国家对劳动力市场价格形成没有任何约束机制，但在工程造价中却严格控制劳动力价格，造成大量劳动力成本无法消化。由于国家政策倾斜于保护农民工，造成对农民工的管理风险加大，目前已出现不论工作效率、质量，干一天就要结一天工资的现象，不仅造成工程运作的困难，也造成严重的质量风险和隐患。拖欠农民工工资的主要原因是建设单位拖欠应支付的工程款，其中以政府在筹备大型活动、标志性建筑、形象工程等建设中尤为突出，而法律责任却要由施工企业承担，严重影响企业生存和行业发展。

（2）房地产行业变化对行业发展影响大。房地产是建筑装饰行业的上游行业，也是建筑装饰工程企业最持久的业主群体。房地产市场的变化，不仅影响住宅装饰装修市场，也对公共建筑装饰装修市场起到重要的影响。2012年，在国家对住宅地产进行常态化调控的大背景下，房地产开发中住宅地产的投资规模增长速度下降，房地产开发结构也经过调整与优化，对建筑装饰行业的发展品质产生了重要影响。

①精装修成品房影响大。房地产市场需求变化，使成品房装修在房地产开发中的比重持续增加。由于2012年房地产市场中的购房者是以改善性需求的二次置业者为主体，而改善性需求是以青年人结婚和老年人改善养老居住条件为主，对精装修后的成品房认知程度比其他购房者高。2012年，经过几轮对房地产开发商的严厉调控，继续生存下来并有开发能力的都是有实力的大开发商，很多是以开发成品房为主的开发商，对精装修成品房的开发过程有长期的经历和丰富经验。在国家产业化政策的引导下，2012年成品房精装修的比重在房地产开发中继续增长，对建筑装饰行业产生重要影响。

第一，对大型建筑装饰公司的业绩增长提供了可持续的资源。据对业内大企业，特别是上市装饰公司业绩构成的统计分析，精装修成品房的工程量，在企业工程总量中的构成所占的比重很高，最高的可达70%。有些房地产开发商，同业内装饰大企业已经有长期的战略合作协议，把大量的住宅精装修工程直接交给大型建筑装饰工程企业，为建筑装饰企业带来低成本、模式化、可持续增长的市场资源。

第二，提高了大型装饰工程企业的市场整合能力。由于住宅精装修工程使用的材料、部品的品牌相对固定，采购量大，因此，更能发挥出建筑装饰企业掌握市场终端的优势。由工程企业搭建的采购平台，不断扩大采购的范围与规模，提高采购中的议价能力，实现了低成本采购。经过近几年住宅精装修工程实践，2012年各大型建筑装饰工程企业的材料、部品采购成本都有所下降，提升了住宅装饰工程的创利能力。

②房地产开发项目结构变化影响大。2012年国家对住宅建设开发的调控力度增大，使住宅开发项目的增长速度下降。但房地产商要生存与发展，就要持续进行开发，因此，旅游地产、商业地产等其他房地产项目开发比重增加。特别是有实力的大型房地产开发企业，把城市综合体建设做为开发的重点，包括大量商业、办公、金融、旅游、体育等设施的建设，为建筑装饰工程企业提供了大量公共建筑装饰装修工程资源。2012年，房地产开发商为建筑装饰工程市场提供的公共建筑装饰装修工程量，增长了18%左右，比2011年提高了5个百分点。

③房地产企业与建筑装饰工程企业的战略合作水平不断提高。经过近几年政府调控和市场的融合，房地产开发企业对建筑装饰工程企业的认知水平和依赖程度不断提高。特别是建筑装饰行业拥有上市公司之后，房地产开发商同装饰工程企业合作不断深入，逐步形成了战略合作伙伴关系，对提高建筑装饰行业发展品质具有重要的影响。房地产开发商与建筑装饰企业的战略合作，不仅大幅度降低工程企业的市场维护成本，提高创利水平，同时，在技术研发体制与机制建设，联合进行技术开发、新技术应用、节能环保产品推广等方面，也具有重要的保障与推动作用。

（3）行业转型发展正在深入。2012年是行业转变发展方式的重要一年。在宏观经济加快转变发展方式的大背景下，建筑装饰行业如何全面顺应国家发展战略的调整，已经成为行业发展的一个重要课题。经过行业内企业，特别是领军大型企业的引导，建筑装饰行业的发展方式正在发生转变，具体表现在以下几个方面。

①绿色发展意识增强。建筑装饰行业作为资源消耗性服务业，在建设资源节约、环境友好型社会中具有极为重要的地位。不断提高建筑装饰项目的节能减排、低碳环保、生态安全水平，以最小的资源、能源代价，为社会提供安全、舒适、健康的生活、工作环境，是建筑装饰行业可持续发展的关键。2012年，中国建筑装饰协会举办了一系列论坛、演讲等活动，主题都是围绕行业如何转变发展方式，实现绿色发展这一主题，提高了行业从业者队伍对绿色发展的认知水平，增强了节约意识、循环意识、生态意识、生命意识，强化了行业对绿色发展的紧迫感和使命感。

②绿色设计、绿色施工技术有新的提高。2012年建筑装饰工程企业，特别是大型骨干企业加大了对绿色设计、绿色施工方面的技术研发力度，在节能减排、低碳环保、健康安全、

提高质量等方面取得了一批新成果。在全面推进工厂化加工、现场装配式施工工艺的基础上，工程中应用的成品化部品、部件比重有新的提升，在异型吊顶成品化、部件及构件标准化、节能门窗、新型保温材料、节水卫浴产品等方面取得了一批新的专利技术，为实现绿色发展提供了强有力的技术物质保障。2012年全国建筑工程装饰奖进一步向绿色节能技术与产品倾斜，全国共有284项建筑装饰工程、176项建筑幕墙工程、45项建筑装饰工程设计获得全国建筑工程装饰奖，为行业树立了一批在质量安全、节能减排、生态环保方面的新标杆。

③产业园区建设有新的发展。近几年建筑装饰工程企业在政府产业政策的支持和引导下，加大了产业园区的建设力度，投资以文化创意、工程设计、技术研发、新型材料及产品生产等为内容的产业园区建设，以再生产投资调整企业的经营结构、发展方式，取得了极大的成功。2012年，有实力的装饰工程企业又有一批新的产业园区在投资建设中，不仅调整和优化了企业的资本结构、人才结构，提高了建筑装饰工程企业对社会的服务能力，增强了企业登陆资本市场的能力，对实现企业发展转型具有极为重要的意义。产业园区建设也对行业结构调整和市场结构优化，推动行业提高产业化水平发挥重要作用。

（4）行业结构不断优化。转变行业发展方式的基础，是行业内结构的调整与优化。近几年来，行业在企业结构、市场结构、人力资源结构等方面都在进行调整与优化。2012年，是行业内结构调整与优化力度加大的一年，具体表现出以下特点。

①企业结构不断优化。2012年，是业内企业结构调整力度较大的一年，经过自2008年年底全球经济危机后，国际经济复苏乏力，影响国内经济；国内市场的变化，竞争日益激烈，2012年有近4千家没有专业特点的小型装饰公司退出市场。2012年新成立的小型装饰公司不足千家，而且都是为大型工程企业配套的专业化企业，不仅使得业内企业总数减少了3千家左右，而且工程配套能力提高。小装饰企业的退市，优化了企业结构，对净化与规范行业市场，提高装饰工程资源利用水平有积极作用。

同时，2012年也是业内企业兼并、重组力度最大的一年，多家百强企业的股权进行了调整与重组，特别是业内翘楚苏州金螳螂公司收购了美国最知名的设计公司，江河幕墙与北京港源的重组等大企业，知名企业间的兼并、重组，都成为行业企业结构调整的大事，在行业发展中都极为罕见。大企业的重组，对转变企业发展观念，增强创新能力，提高可持续发展水平具有重要的基础作用。

经过2012年企业结构的调整与优化，目前企业结构更为合理，业内大企业的发展进度明显加快，企业层次更加分明，为合理性配置工程市场资源奠定了组织基础。目前行业内的核心企业与专业化企业的配套更为科学，对提高工程运作的效率与质量，增强企业创利能力创造条件，也为行业的产业化发展奠定了坚实的基础。

②市场结构与环境不断优化。除劳动力市场外，建筑装饰行业在资本市场、技术市场、人才市场等方面都发生了积极的变化，结构得到优化。

利用并登陆资本市场，使企业获得超常规、可持续发展能力，不仅有鲜活的榜样，也获得了业内的共识。因此，2012年是建筑装饰企业做好登陆资本市场准备最积极的一年，为今后几年资本市场中装饰板块的持续扩大打下了基础。虽然当前对公司上市的审批管理很严，但建筑装饰行业具有惠及民生、资源永续、业态常青的特点，决定了行业的重要性、稳定性和增长性，得到了资本市场的高度认可，建筑装饰企业的上市具有可持续性。虽然2012年仅有一家装饰公司上市，但预计未来10年内，每年都会有建筑装饰企业上市。

在资本市场的作用下，建筑装饰行业内企业结构与梯次将发生重大变化，由上市装饰公司构成第一梯次、由百强企业构成第二梯次、由一级企业构成第三梯次、由有资质企业构成第四梯次、由无资质企业构成第五梯次的企业结构正在形成。这一结构与梯次已经得到社会、投资者的高度认可，并作为工程资源分配的重要依据，使工程市场资源的配置越来越与企业结构相匹配，推动了市场结构的调整与优化。

与企业结构调整与优化同步，行业技术市场的结构也在不断调整优化。在施工技术、节能技术、环保技术的研发方面，由于大型装饰企业具有实力雄厚、人才聚集的优势，以此进行的技术研发具有先进性。2012年有一大批专利技术，主要集中在业内的大型企业，特别是在成品化、标准化技术及节能环保等方面尤为突出。当前行业技术市场结构的构成非常复杂，建设水平仍然不高，大量先进技术未能经过技术市场得以推广应用，但通过企业之间的重组，先进技术的溢出效应越来越大。

伴随企业结构优化，人才结构日趋合理。在大型装饰企业的生成过程中，高端的复合型人才得到培养、锻炼和提高，形成一批新的能够在大型企业从事决策、管理的人才。经过近几年大专院校的持续扩招，每年进入行业的毕业生逐年增加，建筑装饰行业内专业人员队伍逐年扩充，在从业队伍中的比重日益提高。当前，高端复合型人才、名牌设计师、科技带头人虽然数量不足，但已形成基础；项目经理、设计师、科技人员、管理者队伍不断扩大；后备人才队伍补充及时、日益壮大，专业人才结构越来越适应行业可持续发展要求。

（5）劳动力短缺已成为重要瓶颈。建筑装饰行业是一个传统的劳动密集型行业，劳动力资源的数量、质量和发展性，直接决定了行业的发展质量和企业的生存状况。由于长期的低生育政策，我国新增劳动力逐年减少，有意进入建筑装饰行业的新劳动力就更少，造成行业严重的用工荒。这一现象自21世纪开始就已出现苗头，随着国家三农政策的调整、新农村建设等因素的影响，越来越严重，已经严重影响到行业的发展，成为制约行业发展的重要瓶颈。

从可持续发展的观念分析，目前高工资募集劳动力已到尽头。当前行业中脑体倒挂的现象十分严重，进入行业的新大学生，月工资水平在3000元左右，而一个镶贴工的月工资水平在10000元以上，是一个大学生的3倍多。造成这一现象的原因，除年轻人就业观念因素外，主要的原因是劳动力短缺和行业生产作业方式艰辛，其中生产作业方式又是根本。因此，依靠高工资募集劳动力只能是恶性循环，只会持续拉高一线施工人员工资，削弱企业、行业的可持续发展能力。

2012年，业内越来越多的企业家意识到，要从根本上解决劳动力短缺，必须通过主导技术的改革与升级，大幅度削减工程运作中的劳动力用量，使劳动力供需达到新的平衡，才能从根本上解决问题。借鉴其他行业的发展经验，劳动力供给短缺将引发技术革命是产业升级重要的动力。要促进建筑装饰行业的技术升级，除行业内企业的努力外，调整劳动定额、理顺定额与劳动力实际价格关系、增加建设投资中工资的比重、提高建设者对新技术的认知水平也很关键。只有整个社会提高对技术革命的认识和行为能力，才能达到以技术手段大幅减少劳动用工的目标。

当前行业拥有进行科技攻关的资金与人员能力，重点将放在成品化与机械化两个技术方向。成品化就是要持续提高施工现场的成品率，要通过由工厂化加工向标准化、工业化的转化，提高提供给现场的部品、部件、构件的精度和装配性；机械化就是要在标准化、工业化基础上，研发、推广适合使用装配化要求的专业机具，提高施工现场装配施工的机械化水平，以此提高效率和质量。通过成品化、机械化，改革和升级行业的主导工艺，改善行业的生产作业方式，降低劳动作业的体力支出，是解决劳动力短缺的根本途径。

在现代社会化大生产条件下，建筑装饰行业作为集成与整合多种行业技术的行业，要改革和再造工程运作模式，提高产业化水平，专业化发展要求日益迫切。以建筑装饰核心企业为龙头，组织专业材料、机具、部品、部件生产厂商，共同进行适用技术研发的体制建设，充分发挥专业厂商的技术与人才优势，解决好部件、部品的成品化、标准化及施工作业的规范化、机械化，是推动产品、技术换代升级和提高施工现场劳动效率的重要途径，这也是今后一段时期行业发展的重点。

2. 建筑装饰行业优势劣势分析

（1）行业发展优势。首先，国家产业政策以及法律法规在建筑装饰行业快速发展的同时，准入标准和技术标准为主要内容的法律法规体系正在形成，为规范装饰装修市场秩序、促进建筑装饰行业持续快速发展奠定了基础。

其次，国家宏观经济整体走好，继续保持我国经济又好又快的发展。在“十一五”规划期间，我国的固定资产投资呈现指数型增长，为建筑装饰行业的发展提供了持续性可能，如图1-7所示。同时在我国“十二五”规划纲要中大量涉及保障性安居工程、民生工程、基础设施建设、社会事业发展、生态环保建设和灾后恢复重建等内容，然而这些都与建筑装饰行业息息相关。

最后，随着城市化水平提高及居民消费水平的提升，建筑装饰装修的存量市场将继续扩大。据中国建筑装饰协会预测，“十二五”期间仍然是我国城市化水平快速提升的时期，每年将提高近1个百分点，将有1300万左右的农业人口转化为城市人口，直接拉动建筑业需求6亿平方米以上。我国城镇化步伐的不断加快，对住建筑装饰起到持续、强劲的拉动作用。

（2）行业发展过程中的困难。首先，受国家房地产宏观调控政策的影响，商品房开发

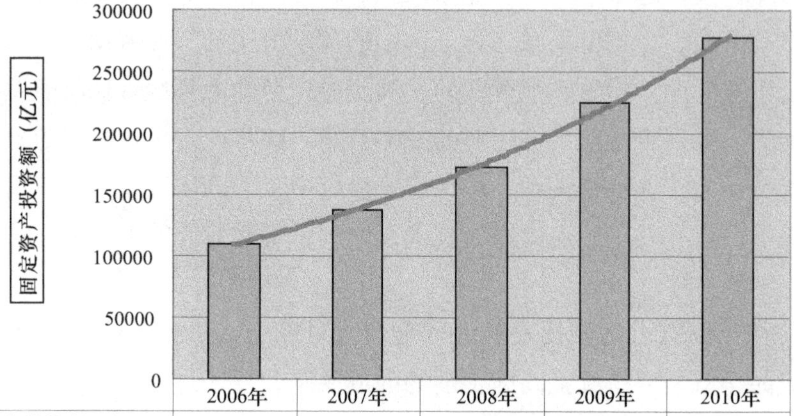

	2006年	2007年	2008年	2009年	2010年
全国固定资产投资额（亿元）	109998	137324	172828	224846	278140

全国固定资产投资额（亿元）　指数（全国固定资产投资额（亿元））

图1–7　我国“十一五”规划期间的固定资产投资状况

进入停滞低迷状态。这必然会减少新建住宅装饰市场的容量，也会减少现有住宅的改造性装饰市场的容量。

其次，由于我国建筑装饰行业起步较晚，企业规模普遍相对较小，难以实现规模效应。目前，我国只拥有像金螳螂这样几家规模较大的建筑装饰企业，而且同国际相关行业的公司比较仍然不够强大。虽然有些企业开始实现工厂化、产业化以及实现企业联盟与协作，但是比例依然很低。

最后，融资渠道单一，运营资金紧张。在建筑装饰行业中，装饰企业在项目招投标阶段需要支付投标保证金、工程前期需要垫付前期材料款、施工过程中的履约保证金、安全保证金及施工完成后的质量保证金，项目运作需要大量的流动资金。但是，国内建筑装饰企业多为民营企业，企业发展资金主要依靠自身发展积累，融资渠道主要依赖银行借款，运营资金相对紧张，限制了企业的快速发展。

3. **建筑装饰行业前景展望**

未来一段时间内，根据中央经济工作会议确定的稳中求进的要求，建筑装饰行业在以城镇化为总发展途径的大背景下，仍将会有很大的发展空间。

（1）国际经济形势分析。根据2012年国际经济运行形势分析，虽然欧洲主权债务危机仍未从根本上解决，中东、北非的动荡还在持续，美国战略东移与日本右翼政府的反华政策影响不断加大，但仍存在着积极的因素。2012年，主要经济体美国、日本、俄罗斯等进行了国家领导层的交接，2013年及以后进入相对平缓阶段；经过4年与经济危机的抗争，各国在处理经济危机中已经积累了较为丰富的经验；和平与发展仍然是全球的主导思想，对话与协商仍然是解决矛盾与纠纷的主导方式，因此，国际形势仍有利于我国的发展。

在这一大背景影响下，建筑装饰行业的发展空间仍将有所扩展，特别是建筑幕墙行业的发展空间将有较大扩展。我国正处于由建筑幕墙生产应用大国向建筑幕墙研发制造强国转化的关键时期，行业的领军企业在技术创新、全球布局、提升核心竞争力等方面，都具备了国际工程市场竞争实力，近几年在国际市场的表现十分突出，品牌影响力、技术竞争力、工程业绩持续增长。

除建筑幕墙外，在公共建筑装饰装修、住宅装饰装修方面，在国际市场中也会有机会。特别是随着我国国际地位的提高、中华文化被全球的认知程度的提升和综合实力的增强，企业参与国际经济、文化、科技交流活动频繁，建筑装饰装修工程市场机遇将会持续增加。近10年来，我国有一批建筑装饰工程企业已经持续在国际工程市场承接工程，并取得很好的业绩和口碑，具备了在国际工程市场的竞争实力。在国际经济缓慢复苏的过程中，中国发挥的作用将越来越强劲，建筑装饰装修的国际需求也将不断恢复、增长，我国建筑装饰工程企业的国际工程机遇将会增多。

（2）国家宏观经济形势分析。根据2012年我国经济运行状态分析，未来若干年我国经济在正确的财政、金融政策的支持下，将保持持续增长状态，增长速度预计在8%左右，因此，宏观经济对建筑装饰行业的发展能够持续提供新的发展空间。特别是党的十八大提出全面建成小康社会的奋斗目标，对于具有基础性、超前性的建筑装饰行业，在经济、社会、政治、文化与生态建设中，为建设美丽中国，实现中华民族伟大复兴中具有重要的作用，宏观经济发展为建筑装饰行业提供充沛的正能量。

绿色发展、节能减排是我国的一项基本国策，也是建筑装饰装修行业可持续发展的重要基础。建筑装饰行业作为资源消耗型服务业，要实现可持续发展，就必须全面顺应基本国策，不仅要加强对450亿平方米既有建筑物进行节能改造的技术、工程运作模式、新型材料应用等方面的投入，同时要在新建筑装饰装修中推动绿色设计、低碳施工、环保材料、节能运行、循环利用、生态平衡等新理念、新思路、新技术、新产品、新工艺，提高各类资源的利用效率与效果。在宏观经济带动转变行业、企业、工程运作模式的过程中，不仅扩大行业的规模，也提高行业的发展品质。

加快城镇化建设是我国实现全面小康的基本国策，也是宏观经济调整和优化结构，提高人民生活品质的基本途径。在城镇化过程中，将为以房地产业为龙头，包括建筑业、装饰装修业、建材业等组成的产业集群提供巨大的市场发展空间。按1%的年城市化率计算，每年将有1千多万人口转为城市人口，产生的建筑新需求将有数亿平方米，因此，在未来10年，中国将保持每年20亿平方米的建筑工程量，为建筑装饰行业带来巨大的新市场增量。

优先保证农业发展也是我国的一项基本国策。随着新农村建设、建材、家电下乡等政策的落实，我国农村及中、小城镇建设的水平不断提高，建筑装饰装修需求也将持续增长。

农村及中、小城镇建设中对装饰装修需求，将推动装饰装修业市场结构的变化，特别是在东部经济发达地区，新农村建设中的装饰装修将持续较高的增长，应该引起整个行业的高度重视。深入研究新农村建设中的建筑装饰需求并积极、认真地做好市场开拓的准备，将是全面建成小康社会中建筑装饰行业的一个新亮点。

提高中华文化软实力也是我国的一项基本国策，特别是党的十七届六中全会之后，不断提高对中华民族文化的自信与自觉，已经成为推动经济运行的重要因素。建筑装饰业作为集技术、文化、艺术为一体的行业，在国家文化建设中担负着重要的任务，以建筑装饰工程为载体，弘扬中华民族的优秀传统文化，是国家加强文化建设，提升中华文化国际地位的重要领域。加强对建筑装饰设计领域的管理，重视工程的原创设计；提高装饰装修工程设计人员的文化认知和实用转化能力；增加装饰工程中的文化、艺术含量，将是行业、企业2013年面临的一项重要任务。在落实和完成这一任务中，将全面提升行业的发展质量，增强企业的可持续发展能力。

（3）房地产及相关行业形势分析。根据2012年房地产市场运行状态分析，未来若干年房地产市场仍然会得到稳健发展。国家对房地产市场的严厉调控将继续执行，而且调控政策与手段有更趋严厉的迹象；在国家税制改革后，地方财政对土地收入的依赖程度加重，土地价格将持续走高，开发商成本将有增加；国家要求非地产主业国有房地产企业退出房地产市场的政策并没有得到认真执行，国有房地产商成为拉动地价上涨主导企业等因素，2012年房价仍然居高不下，而且在2012年下半年还有小幅上升，在未来若干年大幅下降的概率不高。

房地产市场中政府、房地产商、购房者之间的博弈在2013年将继续进行，市场仍存在着大量不确定因素。但在大规模城镇化过程中，房地产的基础地位和保障性作用不但不会削弱，反而会越来越强。因此，房地产开发的投资与建设规模，还会持续高于国家整体经济增长水平，为建筑装饰行业提供可持续增长的工程市场。同时，改善性需求的实现、二手房市场的活跃、大量既有住宅装饰装修也会不断增加。所以，未来若干年我国住宅装饰装修市场将恢复较快增长，预计增长幅度在12%左右。

由于购房者以改善刚性需求为主、装修造价在房价中的比重持续降低、开发商开发资源整合实力的不断增强和国家产业政策引导的力度加大等因素，在住宅地产中精装修后的成品房比重还会进一步提升。特别是国家2013年将有560万套左右的保障房建设将进入室内装修阶段，全部是精装修后的成品房；再加上房地产开发商开发建设的精装修成品房，预计未来若干年成品房装修的工程量每年会有15%的增长。

在住宅产业化政策和建筑装饰行业化发展的作用下，为建筑装饰装修提供物质支持的材料、部品、部件、构件生产经营厂商，在标准化、集成化、成品化方面将会有很大的技术与市场发展空间。为了同房地产开发商、建筑装饰工程承包商建立产期的战略合作伙伴关系，材料供应商除在价格上要采取创新措施，给开发商与工程承包商留出相应利润空间外，提高产品的集成化水平、节能环保性能、装配化施工操作性和工程配套保障能力，将是未来若干年工程材料供应商技术与管理创新的重要任务。加强整个产业链的合作，提高全产业链的协同性、互补性和统一性，将对产业链内各行业的持续发展，发挥着重要的基础与推动作用。

（4）行业内运行形势分析。根据2012年行业运行状态分析，未来若干年建筑装饰行业仍将是调整和优化结构、转变行业、企业发展方式，实现加快产业化目标的重要一年。也是行业贯彻落实十八大精神，在建设美丽中国中发挥积极正能量的第一年。行业在未来若干年将预计在以下几个方面会有较强烈的变化。

行业内一个突出的普遍性问题是劳动定额与市场价格的严重背离，成为制约行业可持续发展、企业提升生存品质和创装饰工程精品的重要瓶颈。按定额计算工作量、按市场价格计算劳动力价格，实行“量价分离”的呼吁已经20多年，但至今仍无结果，成为行业内最为关切的普遍议题。按当前的定额标准支付劳动报酬，既不符合当前的劳动力市场现状，也与党的“十八大”提出的劳动者收入倍增目标相违背。发挥装饰行业在全面建设美丽中国历程中的作用，就要优先解决好人的问题，包括发展好企业、扩大就业规模和理顺劳动者报酬等几个方面。其中占从业者队伍近80%的一线生产工人的收入问题，是在经济、政治、社会、文化、生态建设中都绕不开的坎，应该引起政府、社团和各方主体的高度重视，并尽快加以解决。

就企业层面上分析，未来若干年大型骨干企业的扩张力度还将增强，特别是上市公司未来在全国布局，兼并、重组地方性品牌企业的速度有加快的趋势。企业通过投资与再投资进行结构调整的力度还会持续进行，以基地、园区建设为载体，调整企业的经营结构、转变企业资本、工程的运作方式，提升企业的社会配套服务能力，也将是未来若干年企业运作的亮点。积极做好企业上市的筹备工作，仍然是未来若干年优秀企业的一项重要工作内容，通过企业上市条件的成熟，未来若干年预计会有一定数量的装饰企业上市。

就技术层面上分析，未来若干年仍然会大力发展节能减排、低碳环保、生态循环等技术。在国家建筑节能改造、人们低碳生活方式推广、更加注重健康与生命安全、持续关注环境安全等外部压力的作用下，以建筑装饰装修技术发展再造工程的运作模式推动行业标准化、工业化发展已经成为行业共识。新研发、推广的产品、技术，在提高节能、环保的基础上，更要在成品化、标准化、装配化方面有所突破，以达到提高劳动生产率的目标，特别是要大幅度缩减施工现场的作业人员。

就市场层面上分析，未来若干年工程资源不断得到优化配置。随着行业内部企业结构的不断调整与优化，企业的梯次越来越稳定，社会的认可度越来越高，已经成为工程资源分配的重要依据。特别是在优质工程资源的分配中，上市公司、百强企业逐步成为参与工程资源分配的必要条件，对工程资源分配的影响作用越来越大。规模不大、实力不强、专业不突出的企业，在市场中生存与发展的空间会越来越小，而集团化、专业化的大企业，在市场中的发展会越来越快，形成市场资源的优化配置和良性循环。

由于建筑装饰行业是一个完全竞争性行业，又是一个以民营经济为主体的行业，行业协会在行业发展中的作用就尤为重要。未来若干年，行业协会将继续在健全和完善行业的标准、规范体系；以标准化、工业化推动行业产业化发展；扶持业内大型骨干企业做强、做大；清理和整顿行业市场，维护公平竞争秩序；加强行业分类指导，提升企业发展品质；推动行业文化建设，共筑行业核心价值观体系；加强产业链建设，搭建跨行业合作平台；反映行业诉求，加强同政府相关部门联系等方面，发挥行业社团组织的作用，提升行业社团在行业内的影响力凝聚力。

综上所述，未来若干年在有利的宏观、中观经济环境的支持下，建筑装饰行业发展前景是光明的，增长速度应略高于整个国民经济的增长速度，预计年增长幅度在11%左右。要实现这一增长目标，需要全行业的共同努力，进一步凝聚共识、攻坚克难、不断创新、艰苦奋斗来完成。

四、建筑装饰行业运行特点及竞争力分析

1. 建筑装饰行业运行特点

（1）建筑装饰行业运营模式。建筑装饰工程设计、施工的承接一般通过招投标（分为公开招标和邀标）的方式取得，中标后公司组建团队实施。装饰行业的主要业务流程环节包括业务承接、组织投标、组建项目团队、项目实施、竣工决算收款。

①施工项目承接。接受前期工程预付款。

②项目施工。根据工程进度，在确认工程量后按月收取工程进度款。工程进度款一般为当月工程量的60%～70%。

③竣工验收。累及收到工程款约占总款项的60%～70%。

④竣工结算。约35%的项目审计需要的时间为6个月以内，约26%的项目需要6～12个月，约21%的项目需要12～18个月，约14%的项目需要18～24个月，约4%的项目需要更长的时间。工程竣工结算一般支付至工程结算价款的95%。

⑤预留款项作为质量保证金。工程质量保证金一般不超过施工合同价款的5%，保修期从工程实际竣工之日算起，工程在质量保修期内（1～3年）承担质量保修责任。

建筑装饰行业施工中，业内通过挂靠和借用资质，对施工项目层层转包的现象比较普遍。通过挂靠、借用资质及层层转包，一些无资质的企业借此获得工程以生存，而出借资质企业对此只收取管理费，不对其进行管理，恶性竞争的现象普遍存在。不过，主要上市公司及大型装饰企业都基本能够做到“不转包、不挂靠”的原则，在业界、客户中赢得良好的声誉。

（2）大行业、小企业。根据中国建筑装饰协会统计，2012年，全国建筑装饰行业完成工程总产值2.63万亿元，比2011年增加了2800亿元，增长幅度为11.2%，比宏观经济增长速度高出约3.4个百分点，体现了行业在国民经济发展中的基础性和超前性。其中公共建筑装饰装

修市场受国家投资规模增长35%，各项建设事业全面发展的拉动，全年完成工程总产值1.41万亿元，比2011年增加了1600亿元，增长幅度为13%；住宅装饰装修市场受房地产投资增幅减缓26%，国家对房地产市场调控常态化等因素的影响，全年完成工程总产值1.22万亿元，比2011年增加了1200亿元，增长幅度为10.8%。

虽然建筑装饰行业市场容量很大，除了幕墙行业集中度稍高，公共建筑装饰和住宅装饰集中度都很低，最大的金螳螂139亿元，占比0.53%。

2011年行业前100强1企业完成的产值仅占全行业产值的7.5%，占公共建筑装饰产值的12%，行业集中度不高，没有处于绝对行业地位的大型装饰企业。

从2002年以来的行业集中趋势变动来看，行业集中度有逐渐加强的趋势。随着品牌的影响逐步提高，加上需求层次的逐步上升及政策的驱动，行业的集中度有望进一步提高。

（3）轻资产、高周转特性。根据建筑装饰行业上市公司12年的财务数据进行分析，结果显示流动资产是总资产的主要组成部分；得益于高杠杆和高周转率，行业内公司具有较高的净资产回报率。

（4）成本加成定价，施工完工比例确定收入。建筑装饰企业实行建造合同核算方法，合同订价一般采用成本加成定价。根据预判制订业务目标，包括毛利率目标和收入目标等。

装饰施工中，建筑原材料主要包括了木材、石材、钢材建筑装饰材料，原材料成本占比71.8%；施工业务中，人工成本占比一般在20%左右。原材料占比大的木材、石材的价格波动幅度一般较低。加上我国各地基础类材料供应充足，供应商的议价能力较弱，同时装饰企业可以通过长期合作等方式做到原材料价格的稳定性。

针对跨年度的酒店装饰项目或者重大金额项目，装饰企业往往可以与发包方签订开口合同，当原材料价格变动时，施工单位可以有效地实现一定程度的价格转移。即使是合同金额较小的闭口合同项目，往往项目时间较短，原材料成本波动风险较低。

未来工厂化建设可以提升产品的统一性，并从管理上控制原材料的使用结构和数量，从未控制成本。大型装饰企业能够通过原材料的集中采购、人工工效的提高、工地管理成本的降低，在保证盈利水平的前提下，获得价格竞争优势。

2. 建筑装饰行业核心竞争力

（1）设计和施工能力。设计包括两个环节，一是单独投标的设计业务；二是施工环节的深化设计。前者更偏向于理念、概念的图纸化，相关收入单独核算，一般来说是整个建筑装饰工程投入的2.5%～3%；后者是将理念与实际结合后的具体化，是施工业务的组成部分，因此设计能力不仅体现在能否准确地、合理地将客户的理念在图纸上表现出来，也部分体现在施工质量上。

一般来说，设计会直接带来施工业务，并且具备乘数和杠杆效应，因此，设计研发的核心作用显得尤为突出。

对于公共建筑装饰，主要业务壁垒在于设计。虽然目前很多项目竞标入围的装饰公司数量较多，也确实存在一定程度的价格战，对毛利率造成一定的压力。但是，对于优秀的公装公司来说，因为具有领先的设计能力，同时利用设计所带来的施工杠杆效益来获取收益。因此，对于公共建筑装饰项目来说，领先的设计能力构成业务的壁垒，而设计人员的素质就成为了公司的核心竞争力。

而对于住宅精装修业务，业务壁垒则主要来自施工。精装修业务不同于公共建筑装饰，因为空间较小，设计相对简单，而且具有可复制性，而就施工来说，虽然目前大部分施工人员来自劳务公司，但装饰公司的项目经理等人员要负责现场的施工管理，对项目经理的管控和协调能力都要求很高。而从开发商的角度来说，因为目前小业主的维权意识很强，为了避免交房后出现各种返修要求和可能的纠纷，开发商对精装修业务的施工质量要求也很高，而施工质量的保证则来自于整个装饰公司的管理，其中项目经理的素质是此项业务的核心能力。

（2）产业链协调能力。领先的装饰公司占据整个装饰产业链中附加值最高的业务领域，包括上游的设计，并随着工厂化项目的推进而逐渐进入部品供给等毛利率较高的上游供给领域，下游则通过发挥品牌优势，完成竞标和销售业务。而毛利率相对较低的装饰施工，公司往往采用将劳务外包的形式，来降低成本。这种占据“微笑曲线”两端高附加值的策略保证了装饰企业能够获得较高的盈利能力。

建筑装饰行业作为一个充分竞争的行业，缺乏良好的成本管理能力将无法在这个行业生存和发展。在一个项目的运行过程中，需要有内部、外部多个环节的协调，任何一个环节沟通不畅或者出现问题，都会产生工期的延误，造成费用和其他损失。工期延误、造成损失的外部原因大多数情况下都是招标人的资金不到位，以及与其他施工单位施工进度的协调问题，这对公司的管理和协调能力提出了很高的要求。因此，产业链协调能力是至关重要的。

产业链上优势位置和公司项目的管理协调能力，最终将体现在公司经营效率的提高，根据装饰龙头企业金螳螂历年来的财务数据进行分析，该公司的人均收入年复合增长17%～18%，人均利润年复合增长26%～27%，公司运营能力在不断提高。

（3）品牌是工程质量的隐含保证。市场的口碑是公司赢得客户的重要因素之一，同时品牌也是发包方区分装饰公司业务水平的主要依据。建筑物对其功能、安全等要求的专业化、高新化及科技水平的不断提高，要求建筑装饰的专业化程度也越来越高。建筑装饰行业需要工程承包、设计、设备安装等专业资质，这些资质都有国家相关部门颁发，而相关部门对资质的审查和管理非常严格，要求申报企业在规模、经营业绩、人员构成、设备条件等方面全部达到资质所要求的标准才能给予颁发。因此，公司的品牌往往与资质是直接挂钩的。

五、南通市建筑行业发展情况

南通素有“建筑之乡”的称谓，2012年，南通市全年完成建筑业总产值2650亿元，同比增长13.7%，比“十一五”末期增长额172.3%；完成利税总额170亿元，同比增长13.6%；从业人数95万多人。

1. **南通市建筑业发展的特点**

（1）各县（市）建筑业竞相发展，区域优势明显。2012年南通共有建筑业施工总承包企业及专业承包企业839家，截止到2012年年末，南通建筑业年末从业人员81万人，比去年同期增长22.7%，其中工程技术人员7.57万人，比去年同期增长15.1%；一级建造师3098人，同比增长22.6%。839家建筑业施工总承包企业及专业承包企业各县市分布如图1-8所示。

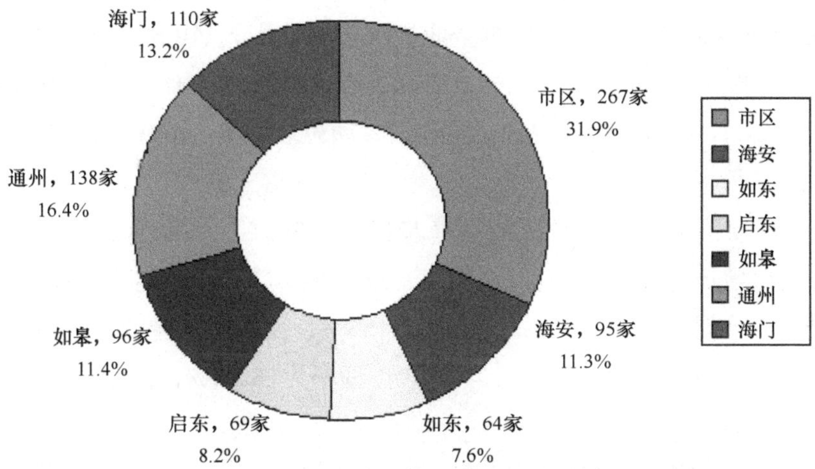

图1-8　南通市建筑业施工总承包企业及专业承包企业各县市分布图

（2）高资质企业进一步增多。一个企业的综合实力体现于企业的资质等级，年报资料显示：到2012年年底，南通839家总承包及专业承包建筑企业中：特级资质企业15家，占全部企业的1.78%，与上年持平；一级资质企业62家，占全部企业的7.38%，上年为45家，同比增长37.8%；二级资质企业236家，占全部企业的28.13%，上年为213家，同比增长10.79%；三级及以下资质企业526家，占全部企业的62.69%。特级、一级、二级资质企业同比增加14.65%。

（3）行业分布情况趋于合理。年报资料显示，到2012年年底南通拥有房屋和土木工程建筑企业463家，占全部总承包及专业承包建筑企业的55.18%，其中房屋工程建筑企业317家，土木工程建筑企业146家。建筑安装企业130家，建筑装饰企业163家，分别占全部建筑企业的15.49%和19.43%；其他建筑企业83家，占全部建筑企业的9.8%；工程准备建筑企业

38家，占全部建筑企业的4.5%；其他建筑活动企业26家，占全部建筑企业3.1%。数据表明，2012年南通建筑行业呈现出以房屋和土木工程建筑企业为主、建筑安装和装饰企业为辅的行业布局，有力地推动了南通建筑行业的良性发展。

（4）企业投资主体日益多元化。到2012年年末，南通拥有的839家施工总承包和专业承包建筑企业中：国有建筑企业15家，占全部企业的1.78%；集体企业21家，股份合作企业77家，分别占全部企业的2.50%和9.18%；有限责任公司412家，占全部企业的49.11%；股份有限公司50家，私营企业240家，分别占全部企业的5.96%和28.61%；其中私营有限公司222家，占全部企业的26.46%。由此可见，投资主体日益多元化。

（5）建筑业生产保持强劲增长势头。2010年全年共完成建筑业总产值265亿元，同比增长13.7 %，实现建筑业增加值 340.91 亿元，同比增长27.8%，建筑业总产值连续多年位居全省第一。

（6）技术装备日趋完善。2012年南通建筑企业技术装备明显改善，企业综合素质不断增强。年报资料显示，2012年南通建筑企业拥有工程技术人员7.57万人，同比增长15.1%，占期末从业人员的9.3%；拥有施工机械设备18万台，同比增长18.08%；机械装备净值57.78亿元，同比增长27.24%；技术装备率7124元/人，动力装备率4.70kW/人，比2006年分别增长3.98%和18.68%。

（7）资产规模不断壮大，企业效益稳步提高。2012年，南通建筑企业年末资产合计809.19亿元，同比增长24.79%，企业平均资产规模9644.71万元，同比增长9.91%。2007年，南通建筑企业负债合计515.87亿元，同比增长23.97%；南通建筑企业资产负债率为63.75%，比上年降低0.42个百分点，全省建筑企业资产负债率为64.65%，低于全省平均水平0.9个百分点。

近几年，南通市房地产市场得到快速的发展，同时，由于城市规模的扩大，各类基础设施和公建配套设施的投资快速发展。2012年，全市固定资产投资达到2168.38亿元，同比增加20.3%，全年规模以上房地产开发投资272.78亿元，比上年增长35.9%，占全市规模以上固定资产投资的比重达13.5%。全市商品房施工面积2434.03万平方米，比上年增长21.2%，其中，住宅施工面积1915.08万平方米，增长23.4%。全市商品房竣工面积667.42万平方米，比上年增长21.4%，其中，住宅竣工面积520.95万平方米，增长18.5%。这为南通市的建筑装饰装修行业的发展奠定了坚实的基础。

2. 南通市知名建筑企业简介

（1）南通四建集团有限公司。南通四建集团有限公司创建于1958年，具有房屋建筑工程施工总承包特级资质；消防设施工程、机电设备安装工程、钢结构工程、起重设备安装工程、电梯安装工程专业承包一级资质；具有建筑智能化工程设计与施工一体化、建筑装饰装修工程设计与施工一体化、建筑幕墙工程设计与施工一体化一级资质；市政公用工程施工总承包二级资质；附着升降脚手架、高耸构筑物工程专业承包二级资质；有一级锅炉安装、修理、改造和GB1、GB2、GC2压力管道安装专业施工许可证；有承包本行业境外工程和境内国际招标工程的对外签约权；能总承包高层与超高层建筑工程、大中型成套设备安装工程、大中型市政工程以及室内外高级装饰、装潢和水暖电卫工程。其通过了ISO9001：2000质量管理体系、ISO140011环境管理体系、OHSAS18001职业安全健康管理体系认证。

该公司注册资金3.058亿元，拥有员工4万余人，各类经济技术职称人员1593人，高级职称109人，中级职称306人；有国家一级注册建造师233人，国家二级注册建造师267人；拥有各类大中型机械设备3800台套。

该公司现有南通四建集团建筑设计院有限公司（甲级）、南通耀华建设工程质量检测有限公司、南通市华德房地产有限公司、新沂通新生物质环保热电有限公司等十七个控股子公司，打造了以建筑业为主（集工程设计、工程施工、工程检测、房地产开发等资质齐全的企业系列），以房地产开发、热电投资为辅的多元化、集团化的企业航空母舰。该公司下设上海、南京、北京、海南、苏州、南通、广东、青岛、新疆、厦门等十四个驻外机构，设建筑装饰装修、消防设施安装、机电设备安装、市政公用工程四个专业分公司，六个工程项目管理公司，十四个土建工程处，十一个安装处，施工队伍分布在全国二十多个省市和新加坡、美国、日本、土耳其等地。该公司年施工面积逾千万平方米，2008年企业营业额120.45亿元。

该公司先后承接了数百项国家和省、市级重点工程，截至2008年获国家鲁班奖16项，国优银奖7项、詹天佑奖1项、全国用户满意工程5项、江苏省“扬子杯”奖107项、上海市“白玉兰”奖43项，以及其他省级以上优质工程奖400多项；多次荣获“中国建筑500强”、“全国优秀施工企业”、“全国用户满意施工企业”、“全国建设系统精神文明建设先进单位”、“全国守合同重信用单位”、“江苏省文明单位标兵”等荣誉称号。

（2）南通建工集团股份有限公司。南通建工集团股份有限公司前身是成立于1952年4月的南通建筑工程公司，是江苏乃至全国成立最早的建筑公司之一。

该公司现具有国家房屋建筑工程施工总承包特级资质、机电设备安装工程专业承包一级资质、建筑装修装饰专业承包一级资质、起重设备安装工程专业承包一级资质、消防设施工程专业承包一级资质、地基与基础工程专业承包一级资质、钢结构工程专业承包一级资质、市政公用工程总承包二级资质。

该公司拥有工程技术经济及各类管理人员1100余人，有各类职称人员700余人，其中教授级、研究员级高工4人，高级职称人员61人，一级建造师和一级项目经理共140人，二级建造师和二级项目经理共265人。

该公司于1997年通过ISO9002质量体系认证，2003年通过ISO14000环境体系、OHSAS18000职业安全健康体系认证，成为全市最早完成“三位一体”贯标体系认证的施工企业。该公司下辖19个土建分公司和7个专业分公司。

该公司有着光荣的发展历史。50年前，公司就以“政治挂帅，勤俭办企业”的“老八路”作风闻名全国，成为全国建设战线的一面红旗。1958年3月27日，《人民日报》以头版版面，报道了南通建筑公司政治经济拧成一股绳、勤俭办企业的消息，并配发了社论，号召全国学习南通建筑公司。当年8月16日中央发文（中发[58]683号），向全国推广南通建筑公司“干部参加劳动、群众参加管理和开展技术革新运动”的先进经验。公司曾参加20世纪50年代首都十大建筑施工、60年代南京长江大桥建设和70年代唐山地震灾后重建等国家重点工程，为国家基本建设和经济发展作出了贡献。

近年来，该公司加大改革与发展步伐，在深化内部各项改革的基础上，完成了企业产权制度改革，建立了新的股份制企业。

该公司大力倡导“艰苦创业，敢为人先”的企业精神，勇于改革，积极创新，努力突破企业发展瓶颈，走上了一条快速发展的道路。近几年来，企业的产值规模每年以近50%的速度快速增长，实现利税每年大幅度递增，职工收入水平不断提高。

该公司积极开拓国内外市场。目前，国内市场已覆盖到北京、上海、天津、山东、河北、内蒙古、新疆、海南、广东、广西等，以及江苏的南京、苏州、无锡、常州、徐州、南通等。近年来，该公司承建了无锡体育中心体育馆、南通体育会展中心体育会展馆等超大规模的公用建筑工程，南通醋酸纤维有限公司、南通天生港发电有限公司等大型群体工业建筑工程，北京金海国际花园、上海天山路住宅小区、南京邮电学院教学楼、南通有斐大酒店以及无锡市三阳城市花园等一大批重点工程和标志性建筑。海外市场迅猛发展，近年来，承建了中国驻津巴布韦大使馆经商处办公楼、住宅楼，津巴布韦人力资源委员会总部大楼；中国驻秘鲁大使馆经商处办公楼；中国援建几内亚比绍老战士住宅区；莫桑比克CAIA初级中学等一批有影响的工程。

该公司认真实施“建精品工程，树诚信形象，展铁军风采”的质量方针，努力提高工程质量和服务质量，先后获得鲁班奖4项、省级优质工程69项、市级优质150项。该公司坚持物质文明、精神文明、政治文明一起抓，坚持以人为本的方针，注重企业文化建设，大力开展“建高楼育新人”活动，各方面工作都不断跃上新台阶。该公司近年先后获得“全国优秀施工企业”、“全国先进施工企业”、“2005年中国承包商60强”、“全国用户满意企业”、“全国工程建设质量管理优秀企业”、“全国施工企业设备管理优秀单位”、“全国建筑新技术应用先进集体”、“全国建筑安全生产先进集体”、“江苏省建筑业20强企业”、“江苏省建筑外经10强企业”、“江苏省AAA重合同守信用企业”、“南通市文明单位”、“南通市先进基层党组织”等称号。

该公司又为“十一五”规划制订了宏伟的发展蓝图：实现经济总量翻一番；进行经济结构重大调整，形成产业结构新格局；工程质量取得新突破，创鲁班奖、国优工程2～3项。

（3）江苏龙信建设集团有限公司。龙信建设集团有限公司始建于1958年，为房屋建筑工程施工总承包特级企业。该公司位于“建筑之乡”江苏省海门市，是“南通铁军”的佼佼者。该公司先后获得“全国工程建设管理先进单位”、全国集体建筑企业全面质量管理优秀企业（金屋奖）、“全国优秀施工企业”、江苏省建筑业“最佳企业”、“AAA特级资信企业”等荣誉称号；连续三年跻身江苏省建筑业综合实力30强企业前10名，并入选2009年度中国承包商和工程设计企业“双60强”；还连续五年创“鲁班奖”。

近20多年来，该公司坚持走住宅产业化发展之路，在民用建筑领域践行全装修总承包管理模式，向上延伸发展（开发、设计、工程总承包）、向下延伸发展（装饰业、智能化、建材业、物业管理），逐步完善了“研发、设计、施工、服务”一体化的商业模式，并形成了“科技研发、房产开发、总承包施工、工业化生产”四大产业板块。

科技研发是该公司持续发展的引擎和发动机。近年来，该公司依托“省级技术技研发中心”和住建部“住宅性能研发基地”两个平台，不断加大科技创新力度。目前技术研发中心下设一个研发基地、一个检测试验室、一个房屋超市、一个建筑构造及装修部品件展示中心。技术研发中心有试验及研发人员47人，其中包括博士1人，硕士2人，研究员级高级工程师1人，高级工程师8人，兼职教授专家10余人。3年完成国家级工法8项、省级工法8项，申报发明专利2项，实用新型专利15项。

该公司还编辑出版了《全装修住宅分户验收导则》，参编了《住宅工程质量技术导则》、《施工现场远程监控系统运用技术规程》、《老年住宅开发和经验模式》等专业书籍；主编了《石膏砌块砌体技术规程》、《木复合门》、《冷弯薄壁型钢多层住宅技术规程》等3项住建部行业标准，参编了《木门窗》、《既有建筑性能评定标准》等2项国家标准；开展了建设部组织的《国内住宅工程质量状况及中外住宅工程监督管理制度比较》的课题研究。

今后，该公司将继续根据主业和产业链的发展要求，加大住宅性能研究，节约、节能研究，新材料、新工艺、新技术的研究，质量通病产生及防治措施的研究，国家行业标准编制的研究力度。同时，加大与科研院所的合作，不断培养企业科技创新人才，提升企业自主科技研发能力。

房产开发是该公司总承包管理模式和住宅产业化发展的试验基地和人才、技术的孵化器。该公司从不为了开发而开发，也不单纯的为了赚钱而开发。始终坚持开发高品质、节能、环保、绿色，引领国家产业发展方向的全装修住宅。公司先后投资30多亿元，在上海、武汉、南通、海门开发全装修住宅40多万平方米。公司开发的楼盘先后获得省市级“优秀住宅・科技应用奖”、住建部2A级住宅性能认定、“江苏绿色健康型理想住宅”等荣誉称号。通过房产开发，该公司为国家住宅产业发展方向，低碳、绿色、节能建筑、项目管理模式创新做了许多有益的尝试、积累了丰富的经验。

全装修住宅总承包管理模式，是国家产业倡导的方向。早在20世纪90年代，该公司在国内率先尝试全装修住宅总承包施工管理模式，现阶段总承包施工管理项目有20多个，年交付全装修住宅2万多套，产值40多亿元。公司力争全装修住宅总承包施工产值达到60亿，国内排名前列。

工厂化生产，是该公司追求住宅产业化施工、装配式生产的探索与尝试。该公司现有住宅产业园一个，生产厂房12600多平方米、机械设备流水线5套、大中型机械化加工设备60多台。生产操作员工290多名，现场安装工人90名，技术管理员工50多名（其中高级工程师11名，中级技术和管理人员21名），木门、板式家具制造、石材加工、铝合金门窗制造年产值达5亿多元。

新时期，该公司提出了“打造百年龙信”的战略目标，将继续坚持走住宅产业化发展道路，围绕全装修总承包管理模式“做精、做强、做大、做久”，努力为社会提供更多绿色、环保、科技、节能的建筑产品，为我国低碳经济、住宅产业化，做出更大的贡献。

（4）苏中建设集团股份有限公司。江苏省苏中建设集团股份有限公司为国家首批房屋建筑施工总承包特级资质企业，具有对外签约权。该公司现有注册资本金3.21亿元，净资产4.2亿元。2008施工面积近二千万平方米，施工产值达121亿元。

该公司现有工程技术和经济管理人员4850名，其中高级职称人员183名，一级建造师125名。历年来，该公司获全国优秀项目经理9人次、省级优秀项目经理36人次。

多年来，该公司充分发挥自身人才、设备和技术优势，积极跻身上海、北京、南京、沈阳、大庆、哈尔滨、长春、石家庄、天津、新疆、内蒙古、西安、银川、广东、海南、福州、山东、安徽、徐州、苏州、无锡、常州、扬州、镇江、南通、南昌等主要国内市场和俄罗斯、中东、苏丹、新加坡等国际市场。该公司所到之处，以过硬的作风、精湛的技术打出了精锐之师的铁军风采，赢得了较高的市场信誉；先后承建了上海盛大金磐、上海梅陇城世纪苑、内蒙古国航大厦、北京皇冠大厦、北京中科院青年小区、南京益来广场、哈尔滨工大科技园、石家庄庄园综合楼、沈阳昌鑫置地广场、深圳碧湖酒店等一大批大跨度、高难度的大型工程；创鲁班奖及国优工程（含参建）18项，部省优工程300多项。

该公司以扎实的工作、一流的管理、过硬的品质、优良的服务屡获殊荣，先后荣获“全国先进建筑施工企业”、“全国质量管理优秀企业”、“全国守合同、重信用企业”、“ENR2004年中国承包商60强第28名”、“江苏省建筑企业综合实力20强第一名”、“江苏省先进建筑企业”、“江苏省建筑业最佳企业”、“江苏省知名建设承包商”、“江苏省文明单位”等称号；连续十年被中国建设银行江苏省分行评为“江苏省AAA级资信企业”；集团在国家统计局公布的中国最大500家大企业中荣列第321位；2006年盛大金磐花园Ⅱ标段工程荣获鲁班奖；2008年度内蒙古自治区农牧业厅科研楼工程、大庆炼化公司30万吨/年聚丙烯工程荣获国家优质工程奖；2005年苏州东湖大郡项目，2008年北京万科四季花城Ⅰ、Ⅱ期项目获得詹天佑大奖；2007年度七台河市党政办公中心项目荣获“国家优质工程奖”；2008年荣获全国“五一劳动奖状”、江苏省建筑业综合实力30强第一名、“创鲁班奖特别荣誉企业”、“全国安康杯竞赛优胜企业连胜杯”、“全国优秀施工企业”、“中国工程建设信用AAA级企业”、“江苏省五一劳动奖状”。

自2001年以来，该公司在宁夏地区施工，先后有银川一中科技楼、实验楼获自治区优质工程，银川市牡丹园9号楼获银川市凤凰杯工程，石嘴山职业技术学院教学楼获市优质工程，六盘山高中科技楼获西夏杯工程。2006年施工的宁夏育才学校工地获得自治区安全文明样板工地称号，该公司获得自治区建筑安全生产先进集体称号。2008年银帝紫微星座1～6号楼荣获安全生产文明施工标化工地，4号楼荣获西夏杯工程。海宝福星苑一期工程荣获住建部颁发的“广夏奖”称号。

在WTO平台上，在世界经济一体化、国内竞争国际化的大趋势下，该公司将竭尽全力，以观念创新为先导，进一步加大科技创新、体制创新、管理创新力度，逐步完善现代企业制度，全力打造企业的核心竞争力，为使企业做大做强、加快国际化进程奠定坚实的基础。

该公司表示，在奔向未来的漫长征途上，在超迈往昔的执著追求中，愿与广大企业和社会团体携起手来，共同捕捉更多的发展机遇，并期望进一步扩大与各地政府、国内外业主、高等院校的交流合作，进入一个互应挑战，双赢发展的新时期。

思考题

1. 分析我国建筑装饰行业发展的特征和不足之处？
2. 分析影响我国建筑装饰行业发展的主要因素？
3. 分析建筑装饰行业的运营特点？
4. 根据目前形势谈谈你对建筑装饰行业发展的认识？
5. 分析南通市建筑装饰装修行业的发展特点及趋势？

专题二　感知职业

学习目标

通过本专题的学习，学生能了解职业的分类和特征，了解建筑装饰专业职业方向和主要岗位，了解建筑装饰主要上市公司情况，了解建筑装饰行业杰出人才，能分析各主要岗位对能力的要求。

学习任务

通过行业专家讲座，走访本专业毕业生，感知未来职业环境，分析各专业岗位对个人能力的要求。

一、职业概述

1. 职业的内涵

职业是参与社会分工，利用专门的知识和技能，为社会创造物质财富和精神财富，获取合理报酬，作为物质生活来源，并满足精神需求的工作。

职业是社会劳动分工发展的必然产物；社会分工是职业划分的基础和依据。在人类社会经济发展的历史长河中，职业并非一成不变，而是在多种因素作用下不断交化与发展的。

首先，社会生产力的发展引起的社会分工的变化决定和制约着职业的发展和变化，历史上三次社会大分工的出现都引起了职业分工的变化。其次，社会经济因素是直接制约和影响职业变化的重要因素，社会政治制度、宗教、文化、经济发展等诸多因素都会带来许多职业的兴衰。总之，职业的产生和发展变化根源于生产力水平和社会分工的发展，同时，人们也不可忽视社会因素对职业的主要影响作用。

2. 职业与产业、行业的关系

职业的产生与发展是人类文明的标志，是社会发展与进化的反映。但职业不是伴随人类社会的形成而产生的，而是社会劳动分工的必然结果，并随社会劳动分工的深化而发展变化。产业、行业的发展不断催生出新的职业。

行业是根据生产单位所生产的物品或提供的服务的不同而划分的，它表示了就业者所在单位的性质。我国的行业结构主要按企业、事业单位和机关团体以及个体从业人员所从事的生产或其他社会经济活动的性质来确定。

产业是指不同的国民经济部门，即由于社会劳动分工而独立出来的专门从事某一类别生产经营活动的单位的总和。一个国家社会经济的总体水平在很大程度上取决于这些产业的发展状况。一般来说，产业的划分是以劳动性质、作用和内容的同一性为标志，反映社会分工的发展水平，通常分为三次产业部门，第一产业为农业，第二产业为工业，第三产业为服务业。

3. 职业的特征与要素

（1）职业的特征。职业具有明显的社会属性、规范性、功利性、技术性和时代性。

①职业的社会属性。职业是人类在劳动过程中的分工现象，它体现的是劳动力与劳动资料之间的结合关系，其实也体现出劳动者之间的关系，劳动产品的交换体现的是不同职业之间的劳动交换关系。这种劳动过程中结成的人与人的关系无疑是社会性的，他们之间的劳动交换反映的是不同职业之间的等价关系，这反映了职业活动职业劳动成果的社会属性。

②职业的规范性。职业的规范性应该包含两层含义：一是指职业内部的规范操作要求性，二是指职业道德的规范性。不同的职业在其劳动过程中都有一定的操作规范性，这是保证职业活动的专业性要求。当不同职业在对外展现其服务时，还存在一个伦理范畴的规范性，即职业道德。这两种规范性构成了职业规范的内涵与外延。

③职业的功利性。职业的功利性也叫职业的经济性，是指职业作为人们赖以谋生的劳动过程中所具有的逐利性一面。职业活动中既满足职业者自己的需要，同时也满足社会的需要，只有把职业的个人功利性与社会功利性相结合起来，职业活动及其职业生涯才具有生命力和意义。

④职业的技术性和时代性。职业的技术性指不同的职业具有不同的技术要求，每一种职业往往都表现出一定相应的技术要求。职业的时代性指职业由于科学技术的变化，人们生活方式、习惯等因素的变化导致职业打上那个时代的“烙印”性。

（2）职业要素。职业要素一般包括职业名称、职业主体、职业客体、职业报酬和职业技术。

职业名称是职业的符号特征，它一般是由社会通用的称谓来命名的。职业主体是从事一定社会分工活动的劳动者，必须具有承担该职业活动所需要的资格和能力。职业客体是职业活动的工作对象、内容、劳动方式和场所等。职业报酬是通过职业活动所取得的各种报酬。职业技术是劳动者在从事职业活动中所运用的自然技术、社会技术与思维技术的总和。

4. 职业分类

职业的产生与发展是社会经济发展的结果，是社会分工的必然产物。职业分类实质是精细的社会劳动分工。现代社会的职业体系是一种人力资源的配置，是社会经济制度的重要组成部分，通过这种配置建立起与社会发展相适应的社会分工体系。职业分类对于国家合理开发、利用和综合管理社会劳动力，提高劳动者的素质，对于民族的兴旺、国家的昌盛意义重大。

目前，我国的职业有两种分类标准：一种是依据从业人口本人所从事的工作性质的统一性进行分类，将职业划分为大类、中类、小类、细类四层。另一种是主要按企业、事业单位、机关团体和个体从业人员所从事的生产或其他社会经济活动的性质的同一性分类，即按所属行业分类。下面介绍几种分类：

（1）《中华人民共和国职业分类大典》将职业分为8大类、66中类、413小类、1838细类。

第一大类：国家机关、党群组织、企业、事业单位负责人。

第二大类：专业技术人员。

第三大类：办事人员和有关人员。

第四大类：商业、服务业人员。

第五大类：农、林、牧、渔、水利业从业人员。

第六大类：生产、运输设备操作人员等有关人员。

第七大类：军人。

第八大类：不便分类的其他从业人员。

（2）《国民经济行业分类》将职业分为20个行业门类、95个大类、396个中类、913个小类。

20个行业门类分别是房地产业，租赁和商务服务业，科学研究、技术服务和地质勘察业，水利环境和公共设施管理业，环境管理业，居民服务和其他服务业，教育，卫生、社会保障和社会福利业，文化、体育和娱乐业，公共管理和社会组织，农林牧渔业，采矿业，制造业，电力、燃气及水的生产和供应，建筑业，交通运输、仓储和邮政业，信息传输、计算机服务和软件业，批发和零售业，住宿和餐饮业，金融业。

（3）《国际标准职业分类》（ISCO）将职业分为8大类，83小类、284细类、1506个职业项目。

第一大类：专家、技术人员及有关工作者。

第二大类：政府官员和企业经理。

第三大类：事务性工作者和有关工作者。

第四大类：销售工作者。

第五大类：服务工作者。

第六大类：农业、牧业和林业工作者，渔民和猎人。

第七大类：生产和有关工作者，运输设备操作者和劳动者。

第八大类：不能按职业分类的劳动者。

5. **职业环境**

职业环境主要包括社会环境、经济环境、政治法律环境和文化环境等。

（1）社会环境主要包括政治、经济、文化、法律、人才等各方面的发展环境，属于宏观层面的职业环境探索，分析社会政策、社会变革、价值观念变化、人才市场需求以及科学技术的发展以及自己所选职业的影响等。

（2）经济环境需要分析经济模式的转变、经济体制的改革、经济政策的变化、产业结构的调整、经济的增长率、经济的景气度、经济建设重点的转移、改革开放的政策等对自己所选职业的影响。

（3）政治法律环境。影响职业的政治因素包含教育制度、政治体制、经济管理体制、人才流动的政策等。法律因素是指中央和地方的有关法规和有关规定，如政府有关人员招聘、工时制、最低工资的强制性规定，现行的户籍制度、住房制度、人事制度和社会保障制度，这些因素都会对职业的选择和发展产生重要的影响。

（4）文化环境包括教育条件和水平、社会文化设施等。社会文化是影响人们行为、欲望的基本因素。

二、建筑装饰专业职业方向

1. **建筑装饰行业主要岗位**

根据现有建筑装饰行业及企业市场调研，同时根据建筑装饰工程技术专业毕业生就业岗位调查，可以得到以下三个方面企业业务发展趋势及工作特点，可以作为建筑装饰工程技术专业人才培养的人才规格定位的主要参考。

（1）装饰设计与施工一体的建筑装饰企业。现阶段我国的建筑装饰企业与建筑企业最大的差异在于建筑企业发展已经非常成熟，其标志就是建筑设计与建筑施工早已是各有其行，专业分工也是非常清晰，专业对口分别是建筑设计技术专业和建筑工程技术专业。而建筑装饰企业现在发展还是初级阶段，其企业内部还有设计与施工并存。但发展趋势是建筑装饰企业应主要以装饰施工为主，装饰设计为辅。经过今后企业不断地发展壮大，企业专业分工应更加明确，将逐渐像建筑企业一样，将施工与设计分解成两个不同的行业，但现在的一段时间内还不会出现这种情况。

（2）装饰设计是现有装饰公司承揽装饰工程的主要手段。现在建筑装饰行业分家装行业和公装行业，家装行业主要是以设计为龙头，装饰施工技术不是很复杂，但工种较多为主要特点；公装行业也是以设计为牵引，呈现出施工规模大小不一、技术特点较为复杂、施工工种较多的特点。

（3）根据多届毕业生的就业情况统计，可以得到这样的数据（图2–1），需要设计员岗位的企业在逐年减少，由10年前的40%左右，到现在的20%左右。而需求施工员岗位的企业

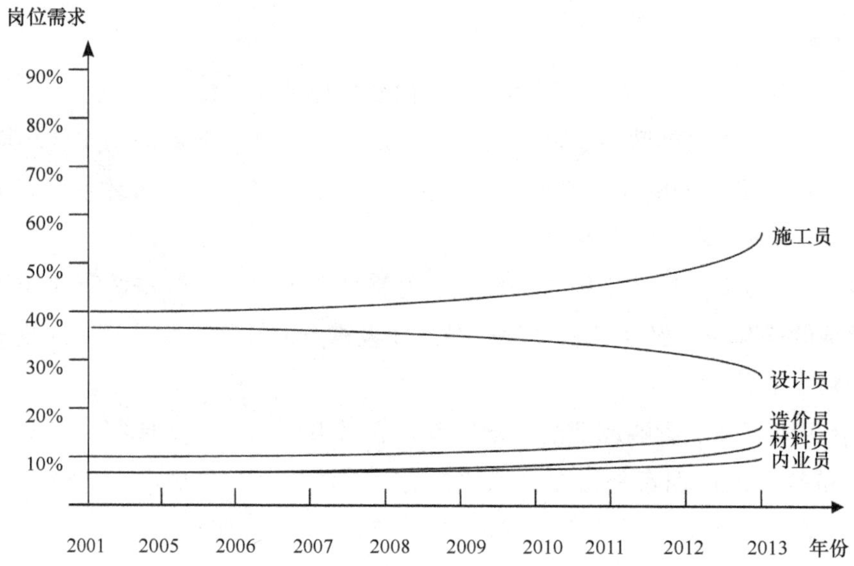

图2-1　建筑装饰工程技术专业过去10年就业岗位走势分析

则显著上升，由40%上升到55%，其他岗位如材料员、造价员，内业员等约占30%。

根据以上综合分析，我们确定了建筑装饰工程技术专业的设计员、施工员、材料员、造价员和内业员等五个典型的职业岗位，其对应典型工作任务及职业能力见表2-1。这五个职业岗位就作为现阶段建筑装饰工程技术专业人才的培养方向。

表2-1　职业行动领域工作任务和职业能力

序号	职业岗位	典型工作任务	职业能力
1	设计员	建筑识图与绘图 建筑装饰施工图设计与绘制 手绘构思草图绘制 手绘表现图绘制 建筑Autocad绘图 建筑3D MAX绘图 建筑Photoshop绘图 建筑室内空间测量 建筑装饰设计技术交底 建筑装饰现场设计指导 建筑装饰施工技术标文本编制	编制装饰工程设计标能力
2	施工员	常用建筑设备安装施工与衔接 建筑装饰工程项目目标进度管理 建筑装饰工程项目合同管理 建筑装饰现场施工装饰材料管理 建筑装饰工程项目安全管理	装饰工程施工管理及工艺质量验收能力

续表

序号	职业岗位	典型工作任务	职业能力
2	施工员	建筑装饰工程项目技术档案资料管理 建筑装饰工程项目竣工验收管理 天棚工程施工工艺及质量验收 墙、柱面工程施工工艺及质量验收 楼地面工程施工工艺及质量验收 隔断施工工艺及质量验收 门窗安装施工工艺及质量验收 墙壁柜施工工艺及质量验收 楼梯及扶栏施工工艺及质量验收 水、暖、电成品安装及质量验收	装饰工程施工管理及工艺质量验收能力
3	材料员	建筑装饰材料识别 建筑装饰材料选购 常用建筑装饰材料施工工艺 常用建筑水暖设备识别 常用建筑水暖设备选购 常用建筑电气设备识别 常用建筑电气设备选购	装饰材料识别选购能力
4	造价员	建筑装饰装修工程经济标文本编制 建筑装饰工程工程量计算 建筑装饰工程概算编制 建筑装饰工程预算编制 建筑装饰工程决算编制	编制装饰工程经济标能力
5	内业员	建筑装饰施工组织设计 建筑装饰装修工程技术标文本编制 内业综合实训	编制建筑装饰工程技术标的能力

2. **建筑装饰行业主要岗位的岗位职责**

建筑装饰工程技术专业的就业前景十分广阔，主要在建筑装饰施工企业、工程建设监理单位、工程咨询公司、房地产开发公司等单位从事工程技术工作，毕业生较适合就职的岗位主要有施工员、技术员、质量检查员、安全员、预算员、材料员、资料员和监理员等，各岗位的岗位职责描述如下。

（1）施工员。

①在项目经理的直接领导下开展工作，贯彻安全第一、预防为主的方针，按规定搞好安全防范措施，把安全工作落到实处。

②认真熟悉施工图纸、编制各项施工组织设计方案和施工安全、质量、技术方案，编制各单项工程进度计划，人力、物力计划，机具、用具、设备计划。

③组织职工按期开会学习，合理安排、科学引导，顺利完成本工程的各项施工任务。

④协同项目经理，认真履行《建设工程施工合同》条款，保证施工顺利进行，维护企业的信誉和经济利益。

⑤编制文明工地实施方案，根据本工程施工现场合理规划布局现场平面图，安排、实施、创建文明工地。

⑥编制工程总进度计划表、月进度计划表及各施工班组的月进度计划表。

⑦搞好分项总承包的成本核算（按单项和分部分项）及单独核算，并将核算结果及时通知承包部的管理人员，以便及时改进施工计划及方案，争创更高效益。

⑧向各班组下达施工任务书及材料限额领料单；督促施工材料、设备按时进场，并处于合格状态，确保工程顺利进行。

⑨参加工程竣工交验，负责工程完好保护；合理调配生产要素，严密组织施工，确保工程进度和质量。

⑩组织、协调工程验收，参加分部分项工程的质量评定；参加图纸会审和工程进度计划的编制。

（2）技术员。

①认真熟悉施工图纸，提出图纸中存在的问题，搞好图纸的会审工作。

②编制施工图纸（施工）预算，按分部分项工程（基础、主体、装饰、分层）提出材料计划表。

③做好各分部分项工程技术交底资料，向各班组进行技术交底。

④负责本工程的定位、放线、测平、沉降、观测记录。

⑤负责测试用具、仪器的保管，并定期校正测试仪器。

⑥收集、整理工程施工中的变更签证资料。

⑦做好分部、分项成本核算工作，按时结算各施工班组的分部、分项、分层、单顶工程，完成任务结算书。

⑧认真配合项目经理或施工员的工作。

（3）质量检查员。

①在项目经理领导下，负责检查监督施工组织设计的质量保证措施的实施，组织建立各级质量监督保证体系。

②严格监督进场材料的质量、型号、规格，监督各施工班组操作是否符合规程。

③按照规范规定的分部分项检验方法和验收评定标准，正确进行自检和实测实量，填报各项检查表格，对不符合工程质量标准、质量要求而返工的分部分项工程，写出返工意见并出具罚款单。

④提出工程质量通病的防治措施，提出制订新工艺、新技术的质量保证措施建议。

⑤对工程的质量事故进行分析，提出处理意见。

⑥向每个施工班组做（质量验收评定标准）交底。

⑦在项目的施工段（柱、梁、板）贴上质量检查验收表。如混凝土注，将浇灌时间、拆模时间、垂直度、平整度、施工班组、木工、混凝土工、施工负责人、检查人等内容制表并贴于柱上。

（4）安全员。

①在项目经理领导下，全面负责监督实施施工组织设计中的安全措施，并负责向作业班组进行安全技术交底。

②检查施工现场安全防护设施、地下管道、脚手架、机械设备、电气线路、仓储防水等是否符合安全规定和标准。如发现施工现场有安全隐患，应及时提出改进措施，督促实施并对改进后的设施进行检查验收。对不改进的，提出处理意见报项目负责人处理。

③正确填报施工现场安全措施检查报告，定期提出安全生产意见。

④处理一般性的安全事故，按照规定进行工伤事故的登记、统计和分析工作。

⑤同各施工班组及个人签订安全纪律协议书。

⑥随时对施工现场进行安全监督、检查、指导，并做好安全检查记录。对不符合安全规范施工的班组及个人进行安全教育、处罚，并及时责令整改。

⑦对在安全检查工作中不深入、不细致，存在问题不提出，意见又不向上级汇报，所造成的责任事故，应承担全部责任及后果。

（5）预算员。

①工程项目开工前必须熟悉图纸、熟悉现场，对工程合同和协议有一定程度的理解。

②编制预算前必须获取技术部门的施工方案等资料，便于正确编制预算。

③参与各类合同的洽谈，掌握资料作出单价分析，供项目经理参考。

④及时掌握有关的经济政策、法规的变化，如人工费、材料费等费用的调整，及时分析提供调整后的数据。

⑤正确及时编制好施工图预算，正确计算工程量及套用定额，做好工料分析，并及时做好预算和实物量对比工作。

⑥施工过程中要及时收集技术变更和签证单，并依次进行登记编号，及时做好增减账，以作为工程决算的依据。

⑦协助项目经理做好各类经济预测工作，提供有关测算资料。

⑧正确及时编制竣工决算，随时掌握预算成本、实际成本，做到心中有数。

⑨经常性地结合实际开展定额分析活动，对各种资源消耗超过定额取定标准的，及时向项目经理汇报。

（6）材料员

①材料员必须熟知各种材料的性能、价格、产地、用途，按照项目部提出的材料计划单在2日内及时采购所需的材料，不得影响工程进度。

②材料员应对所采购的材料质量负责，并对其购进的劣质材料所产生的后果负全部责任。

③材料员要随时掌握好各种材料的市场动态，采购材料应货比三家、价比三处，购回的材料应物美价廉，购材料应有税务发票，票据背面注写用途及对方联系电话，票据上应有项目经理、材料员及保管员的签字，方可报销。

④按照项目部提供的材料计划单，在2日内及时租赁和归还，租贷和归还单据必须当日由项目经理签字方可结算，做到日租、日算、月结。对零星材料定期检查，督促整理归堆，杜绝材料浪费。

⑤每月月底将本月所有的收料单收回、分类结算后，交项目经理审批、材料科长复核，交会计处挂账。

⑥采购材料应遵循优质价廉的原则，严禁弄虚作假、贪吃回扣或购进各类劣质材料。

⑦必须服从项目经理的安排，服从材料科长监督，配合好各施工班组及保管员的工作。

⑧做好材料成本核算工作，核算预算与实际用量的差额，核算预算价与实际价的差额，核查工地材料的用量及消耗、损耗情况。

（7）资料员。

①收集整理齐全工程前期的各种资料。

②按照文明工地的要求及时整理齐全文明工地资料。

③做好本工程的工程资料汇总，并与工程进度同步。

④工程资料应认真填写，字迹工整，装订整齐。

⑤填写施工现场天气晴雨表、温度表。

⑥登记保管好项目部的各种书籍、资料表格。

⑦收集保存好公司及相关部门的会议文件。

⑧及时做好资料的审查备案工作。

（8）监理员。

①在专业监理工程师的指导下开展现场监理工作。

②检查承包单位投入工程项目的人力、材料、主要设备及其使用、运行状况，并做好检查记录。

③复核或从施工现场直接获取工程计量的有关数据并签署原始凭证。

④按设计图及有关标准，对承包单位的工艺过程或施工工序进行检查和记录，对加工制作及工序施工质量检查结果进行记录。

⑤担任旁站工作，发现问题及时指出并向专业监理工程师报告。

⑥做好监理日记和有关的监理记录。

三、建筑装饰上市公司简介

1．苏州金螳螂建筑装饰股份有限公司

苏州金螳螂建筑装饰股份有限公司成立于1993年1月，注册资本为5000万元，并于2006年成为中国装饰行业首家上市公司。该公司是一家以室内装饰为主体，融幕墙、家具、景观、艺术品、机电设备安装、智能、广告等为一体的专业化装饰集团，该公司已连续8年成为中国建筑装饰百强企业第一名。

企业的规模随着时间的发展，我们可以很明显地看到，如总资产的规模随着时间的发展有了很大的增长，详见表2-2和图2-2所示。

表2-2　金螳螂建筑装饰股份有限公司资产增长情况表

项　　目	2008年	2009年	2010年
营业收入（万元）	333770	410669.29	663935.47
利润总额（万元）	19480.65	28566.68	54930.97
总资产（万元）	203191.67	276103.10	406068.92
总资产回报率（%）	9.59	10.35	13.53

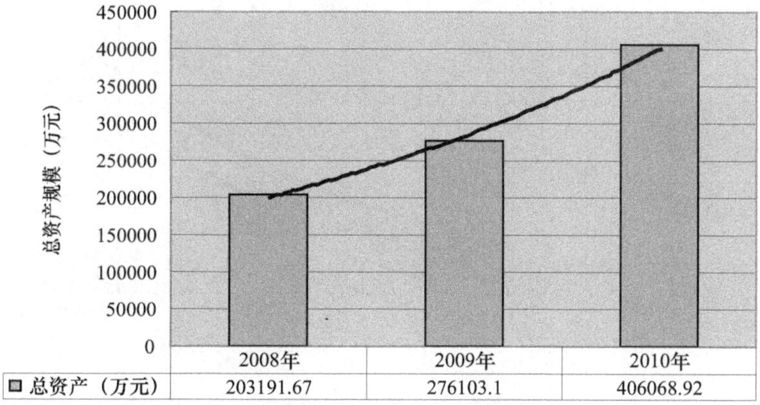

图2-2　2008～2010年金螳螂建筑装饰股份有限公司的总资产变化图

“十二五”期间，企业发展的指导思想是：以产业化发展为基本途径，以提高创新能力和资源利用效率为基本手段，通过转变发展方式，全面提升发展质量，在国家宏观经济指导下，实现企业的可持续发展。

2. **浙江亚厦装饰股份有限公司**

浙江亚厦装饰股份有限公司成立于1995年，注册资本21100万元，并于2010年3月在深交所上市。经过十多年的发展壮大，该公司现已成长为中国建筑装饰行业的知名企业和龙头企业——“中国建筑装饰百强企业第二名”。该公司已经成长为一家以室内外装饰、幕墙设计与施工为主，以部品部件工厂化生产、装配化施工为生产模式，涵盖园林、机电安装、建筑智能化、石材加工大装饰产业链的中国装饰行业龙头企业，并专注于高端星级酒店、大型公共建筑、高档住宅的精装修，树立了“亚厦”在中国建筑装饰行业的一线品牌地位和高端品牌地位。

该公司经过多年的扩张，资产规模和盈利情况不断增加，企业的综合实力不断增强，详见表2-3和图2-3所示。

表2-3 亚厦装饰股份有限公司的总资产变化表

年　　份	2008年	2009年	2010年
营业收入（万元）	161847.5	248733.88	448807.01
利润总额（万元）	11274.92	17732.82	31118.21
总资产（万元）	110638.12	160416.15	446209.12
总资产回报率（%）	10.19	11.05	6.97

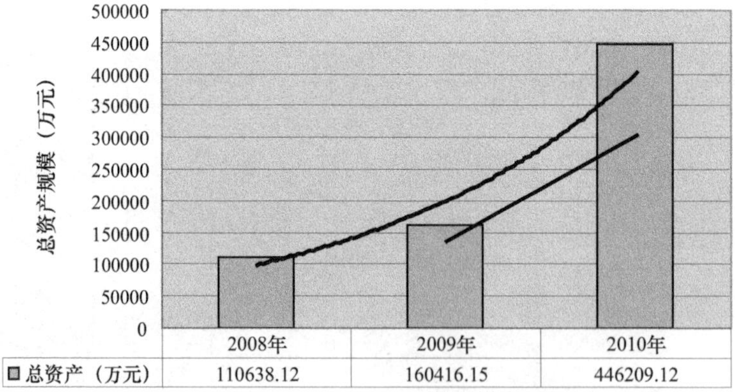

图2-3 2000～2010年亚厦装饰股份有限公司总资产变化图

该公司将本着“稳健、高速”的原则，进一步加强品牌建设，不断提高客户满意度；专注于提升企业盈利能力，不断提高毛利率和净利率水平；积极探索并购式的发展思路，加快资源整合和产业链延伸步伐，逐步构建以室内外装饰、幕墙设计与施工、机电安装为主，以部品部件工厂化生产、装配化施工为主生产模式，包括木业、家具、石材、饰品、节能门窗、景观园林等配套服务在内的一体化大装饰产业格局，实现可持续发展。

该公司表示，在未来几年内企业要加快募集资金项目建设投产，提高募集资金使用效率和效益；进一步完善各项管理体系，全面实施绩效考核管理；围绕主营业务延伸装饰产业链，提升企业核心竞争力；优化资金需求与使用计划安排；同时防范宏观经济周期及产业政策变化的风险。

3. **深圳广田装饰集团有限公司**

深圳广田装饰集团股份有限公司创建于1985年，注册资本为3000万元，并于最近几年变更为12000万元且成功上市。它是中华人民共和国建设部最早核定的建筑装饰甲级设计单位、建筑装饰施工一级企业，主要经营范围是室内外装饰、铝合金门窗、家私配套、空气调节工程、弱电系统工程、玻璃幕墙、园林雕塑、经营进出口业务，同时经营建筑材料。

深圳广田装饰集团股份有限公司最近三年的总资产变化情况见表2-4和图2-4所示。

表2-4　广田装饰集团股份有限公司的总资产变化表

年　　份	2008年	2009年	2010年
营业收入（万元）	124810.1	191818.77	419820.31
利润总额（万元）	6629.61	12722.35	27354.59
总资产（万元）	62556.28	77068.97	355947.9
总资产回报率（%）	10.60	16.51	7.68

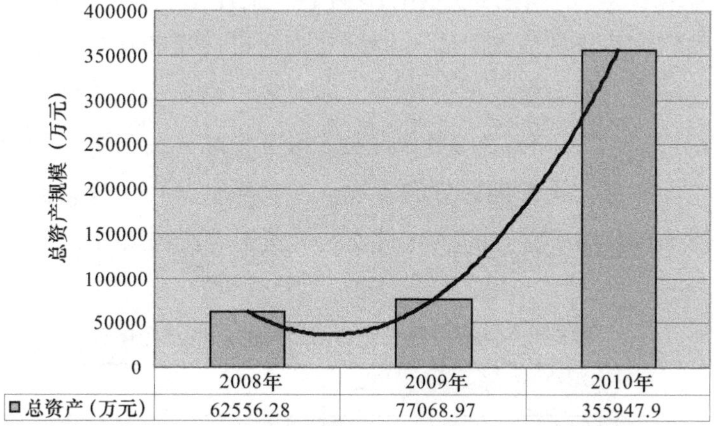

图2-4　2008～2010年广田装饰集团股份有限公司总资产变化图

尽管企业成功上市，并且获得了可观的现金流，但是依旧存在着许多的不利条件。在这样一个相对独立、以民营经济为主体的建筑装饰行业，形成的时间相对较晚，又正值我国改革开发的高速发展期，在产业政策、国家对行业发展管理等方面还不配套，企业经济、技术、管理人员的考核、评定机制相对滞后。企业的规模、人才的激励等也都存在着明显的不足。

同时，该公司在建筑装饰行业中有着一些特有的竞争优势：较强的品牌优势、住宅精装修业务优势、环保节能技术的行业领先优势以及设计研发一体化等优势。

该公司未来的发展战略为，以致力于人居环境的改善为使命，以“文化+科技”为发展理念，坚持走可持续发展、科学发展之路，积极实施标准化战略、自主知识产权战略，以提供综合建筑装饰解决方案及综合工程承建服务为主，积极推进绿色化、一体化、工业化、智能化，切实打造并完善绿色装饰产业基地、设计研发基地、营销网络体系，成为中国最具创新能力、最具绿色影响力、最具诚信力的综合建筑装饰工程承建商。

4. 深圳洪涛装饰股份有限公司

深圳市洪涛装饰股份有限公司建立于1985年，2009年成功上市。该公司是中华人民共和国住建部最早核定的建筑装饰甲级设计单位、建筑装饰施工一级企业，并且是国内公共建筑装饰行业龙头企业。其综合实力居深圳装饰行业首位，目前主要经营范围：室内外装饰设计；建筑幕墙设计；建筑装饰装修工程施工；建筑幕墙工程施工；城市及道路照明工程施工；机电安装工程施工；智能化工程施工；消防设施工程施工；建筑幕墙、门窗的生产加工；园林雕塑设计；家私配套、空调设备、不锈钢制品的设计安装；进出口贸易业务；建筑材料的购销。其主要为政府机构、大型国有企业、跨国公司、高档酒店等提供建筑装饰设计、施工服务。

深圳洪涛装饰股份有限公司最近年的总资产变化情况见表2-5和图2-5所示。

建筑装饰行业在国家地产调控政策的影响下，整体出现了一定的波动，但由于国家前期固定资产投资的后续传导效应及大事件的推动，通过增量和存量市场双轮驱动，高端建筑装饰市场保持了良好的发展态势。该公司秉承高端的市场战略，跟随行业热点和国家战略规划的地区热点，在“100个客户成为100个朋友”服务理念的指引下，积极拓展业务，实现了公司的经营目标，保持了公司长期稳健的发展。2010年，公司实现营业收入较上年同期增长15.09%，实现归属于母公司所有者的净利润较上年同期增长40.45%。

表2-5 洪涛装饰股份有限公司的总资产变化表

年份	2008年	2009年	2010年
营业收入（万元）	105090.05	131047.35	150828.06
利润总额（万元）	6074.57	8626.66	12376.32
总资产（万元）	42665.22	149630.29	168033.06
总资产回报率（%）	14.24	5.77	7.37

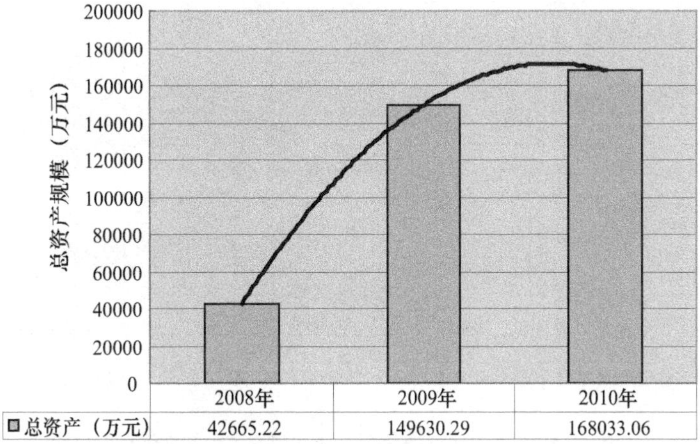

图2-5　2008～2010年洪涛装饰股份有限公司总资产变化图

总体上来讲，该公司的经营环境良好，未来的目标市场潜力巨大。对于企业面临的具体环境，其有利条件是：公司是高端建筑装饰行业的持续领跑者，在剧院会堂、国宾馆、建筑大堂等细分市场的占有率第一，被誉为“大剧院专业户”、“大堂王”和中国建筑装饰行业品牌发展的鼻祖，具有品牌优势，同时企业的相关建筑装饰是资质较全，人才研发水平高，在行业中处于高端竞争力水平。但是，存在的不足是：如何利用公司的综合优势，快速开拓市场，扩大公司规模，进一步确立公司在高端建筑装饰市场的领跑者地位；公司在快速发展的过程中，如何适应规模的快速扩张带来的对管理能力的挑战，人力资源储备的挑战，以及超募资金合理高效利用的挑战。

5. 深圳瑞和建筑装饰股份有限公司

深圳瑞和建筑装饰股份有限公司成立于1992年8月，2011年成功上市。该公司主要从事业务为公共建筑装饰设计与施工、住宅精装修设计与施工等，高端星级酒店、政府类行政机构、金融机构、机场、地铁等客站装修工程和高档住宅精装修的现场施工和设计业务。

深圳瑞和建筑装饰股份有限公司最近三年的总资产变化情况见表2-6和图2-6所示。

表2-6　瑞和建筑装饰股份有限公司的总资产变化表

年　份	2008年	2009年	2010年
营业收入（万元）	50647.38	68349.26	101216.79
利润总额（万元）	2683.89	2164.23	7808.13
总资产（万元）	31302.31	43886.31	61875.54
总资产回报率（%）	8.57	4.93	12.62

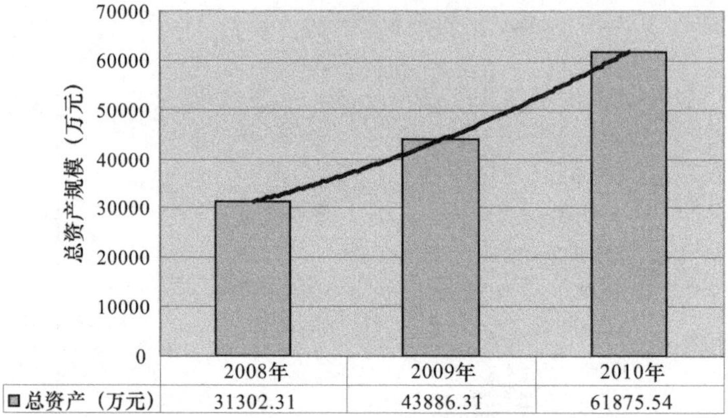

图2-6　2008～2010年瑞和建筑装饰股份有限公司总资产变化图

该公司业务的总体发展战略是坚持以市场为导向，以设计为龙头，以环保节能为方向，大力推行精品战略，利用本公司在高端市场、品牌、区域覆盖、设计、 施工管理等方面具有突出的竞争优势，构建以室内外装饰设计与施工为主，以部品部件工厂化生产、装配化施工为生产模式，包括木业、家具、饰品、景观园林等配套服务在内的一体化装饰产业格局，形成强大的核心业务群体；以绿色、节能、环保、一体化、工业化、标准化为导向，贯彻绿色装饰新理念，通过推动绿色节能环保装饰的设计研发，形成自主研发、自主创新的能力，实现企业可持续发展，成为我国公共建筑装饰市场绿色装饰的领跑者。

该公司具有品牌优势、管理优势、人才优势、业务拓展优势等有利条件。但是公司面临着许多如原材料供应适应不了企业现实的变化、公司目前的融资渠道过于单一，难以保证公司今后大规模发展的需要等不足。

四、建筑设计杰出人才简介

1．梁思成

梁思成（1901～1972年）是中国近代著名的建筑教育家、古建筑文物保护与研究和建筑史学家，广东省新会县人，梁启超长子。戊戌变法失败梁启超流亡日本时，梁思成于1901年4月20日出生日本东京，1912年随父返国。他1923年毕业于清华学校，1924～1927年在美国宾夕法尼亚大学学习院研究世界建筑史。1928年回国，他创办东北大学建筑系并任系主任，是我国建筑教育的开拓者之一。1933～1946年，他任中国营造学社法式组主任，1934年任国民政府中央古物保存委员会委员，1944年任国民政府教育部战区文物保护委员会副主任，1946年创办

清华大学建筑系（营建系）并任系主任直到1972年1月9日逝世。他还曾任中央研究员院士，美国耶鲁大学聘任教授、普林斯登大学名誉文学博士和联合国大厦设计委员会成员等职。从1949年起，他先后任北平都市计划委员会副主任和北京市建设委员会副主任，北京市政协副主席、全国人大常委。

梁思成的一生中，除了在建筑教育、城市规划等方面做出的开拓性不朽贡献之外，最为突出的是古建筑文物的保护与调查研究工作。他在中国营造学社的十多年间，在极端艰苦的条件下，运用近代科学技术对我国众多价值的古建筑进行了勘察、测绘、制图，并结合历史文献资料和对老匠师们的采访，写出了《清式营造则例》、《中国建筑史》、《中国雕塑史》等专著和《蓟县独乐寺观音阁及山门考》、《正定古建筑调查报告》、《记五台山佛光寺建筑》等众多的调查报告与学术论文，为我国建筑的研究与保护这门学科奠定了深厚的基础。

梁思成对古建筑的保护维修做出了卓越的贡献，在抗日战争以前、抗日战争和解放战争之中以及新中国成立之后，都是竭尽全力，多方设法保护，立下了不朽的功绩。在抗战时期为保护敌站区古建筑文物、在解放战争中为保护待解放地区古建筑文物领导编写《全国重要建筑文物简目》，在作战地图上标示出在战争中避免炮击、轰炸的建筑文物的标志。中华人民共和国成立之后，为保护北京的城墙、牌楼、北海团城等竭尽了全力。他还多次为文化部举办的考古工作人员训练班、古建筑工作人员培训班讲课，培训专业人才。

梁思成在二战期间，任站区文物保护委员会副主任时，于1944年为国民政府及盟军（美军）编制敌占区需要保护的文物建筑名单并将其表明位置的同时，还建议盟军在战争中保护日本历史文化名城京都、奈良。把那里的珍贵文物古建筑当作人类共同的文化财富来看待。此事受到国际上普遍的称赞，日本报刊一再把梁思成称为“日本古都的恩人”和“日本文化的恩人”。

2. 贝聿铭

贝聿铭，美籍华人建筑师，1917年4月26日生于广州。作为20世纪世界最成功的建筑师之一，贝聿铭设计了大量的划时代建筑。贝聿铭属于实践型建筑师，作品很多，论著则较少，他的工作对建筑理论的影响基本局限于其作品本身。

贝聿铭被称为“美国历史上前所未有的最优秀的建筑家”。1983年，他获得了建筑界的“诺贝尔奖”——普里茨克建筑奖。

贝聿铭的童年和少年是在风景如画的苏州和高楼林立的上海度过的，他从小立志要当一名建筑师。后来他留美学习建筑学，以超人的智慧多次完成复杂的设计任务，并在纽约开设了自己的建筑设计事务所，又成立了“贝聿铭设计公司”，专门承担工程的设计任务。

在美国的许多大城市中，都有贝聿铭的“作品”。他设计的波士顿肯尼迪图书馆，被誉为美国建筑史上最杰出的作品之一；还有丹佛市的国家大气研究中心、纽约市的议会中心，也使很多人为之倾倒。他设计的费城社交山大楼，使其获得了“人民建筑师”的称号。

在贝聿铭设计的建筑物中，华盛顿国家艺术馆东大厅最令人叹为观止。美国前总统卡特称赞说：“这座建筑物不仅是首都华盛顿和谐而周全的一部分，而且是公众生活与艺术之间日益增强联系的艺术象征。”贝聿铭的作品不仅遍布美国，而且分布于全世界。我国北京西山有名的香山饭店，也是贝聿铭设计的，它集中国古典园林建筑之大成，设计别具一格 。1984年5月间，美国在凤凰城举行建筑学会年会，几百名建筑师和来宾 ，从500个候选建筑物中选出13个建筑物授予年度荣誉奖，贝聿铭设计的香山饭店名列榜上。

贝聿铭还应法国总统密特朗的邀请，完成了法国巴黎拿破仑广场的卢浮宫的扩建设计，使这个拥有埃菲尔铁塔等世界建筑奇迹的国度也为之倾倒。这项工程完工后，卢浮宫成为世界上最大的博物馆。人们赞扬这位东方民族的设计师，说他的独到设计“征服了巴黎”。

3. **保罗·安德鲁**

保罗·安德鲁（Paul Andreu），1938年出生于法国波尔多市附近的冈戴昂（Canderan），毕业于法国高等工科学校（Ecole Polytechnique，1961年）、法国道桥学院（Ecole Nationale des Ponts et Chaussees，1963年）和巴黎美术学院（Ecole des Beaux-Arts，1968年）。1967年在他29岁的时候，设计了圆形的巴黎查尔斯·戴高乐机场候机楼。从此，作为巴黎机场公司的首席建筑师，他设计了尼斯、雅加达、开罗、上海等国际机场，日本关西国际机场的基本概念也出自安德鲁之手。他参与过许多大型项目的建设，像巴黎德方斯地区的大拱门、英法跨海隧道的法方终点站等。在他的影响下，巴黎机场公司的活动逐渐向大型标志性建筑设计的方向发展。1999年，安德鲁领导的巴黎机场公司与清华大学合作，经多轮角逐，又在中国国家大剧院国际竞赛中一举夺标。安德鲁的作品系列和建筑追求是非常独特的，他的代表作之一的戴高乐机场的建设历经30余年，有着高品质的完成度和撼人心魄的感染力。

保罗·安德鲁因为备受争议的中国国家大剧院设计方案而为全中国所熟知。北京的国家大剧院与世博会东方艺中心均出自安德鲁之手。东方艺术中心这幢占地 2.3 万平方米的建筑外形犹如一朵巨大的蝴蝶兰。“花瓣”由三个球体的截断部分组成，半径长短错落，在浦东蓝天的映衬下勾勒出数十条回旋流动的轮廓线。建筑外表采用玻璃幕墙，在白天和夜晚都显得玲珑剔透；而内墙则将采用黄、赭红和棕色等自然色的陶瓷，它们在白天不甚显眼，在夜晚却闪闪发光，令剧场内部酷似悬浮在空中的彩色果核。

4. **王澍**

王澍，当代建筑大师，1963年生于新疆乌鲁木齐，现任中国美术学院建筑艺术学院院长、博士生导师。他喜欢箫管，擅长书法和山水画，执著践行中国本土建筑学理念，享有“中国最具人文气质的建筑家”美誉，代表作品有世博会宁波滕头案例馆、苏州大学文正学院图书馆和中国美术学院象山校园等。2012年王澍获得普利茨克建筑奖。他是第一位获此殊荣的中国公民，并且是第四年轻的得奖者。

在建筑师同行里，王澍被公认是最有中国文人气息的。而他也是很早就对中国的现代建筑提出尖锐看法的人之一。王澍在中国建筑师中的名气，一方面是因为他在国际上受到的关注，另一方面是因为他的另类。他是把现代建筑带入大学的引路人，但他又一直表现着对于庙堂规则的不屑。当年，硕士论文答辩的时候，他对着老先生说，“如果说中国有现代建筑师，那只有一个半，半个是我导师，一个就是我。”

但是，就是这个看起来有些狂妄的王澍，一直以来却又在传统的中国建筑中寻求着艺术之根。他把中国古代“造园”的手法和方式融入现代建筑。在别人看来，王澍已然是中国现代建筑师的一个代表，很多人把他的作品当作某种形态的哲学表现去关注，而他自己却只是用古代工匠的手法去诠释着自己心中的当代建筑。

王澍在建筑中所用的“瓦爿墙”都是用回收来的旧砖瓦做成的，他在作品中频繁使用再生材料，一直抗议建筑材料的浪费。《时代》杂志特别提到了7年前王澍用66000块来自旧房拆毁的青瓦创作的作品《瓦园》，当时曾经引起了建筑界对当下中国城市问题的关注，并掀起了国际建筑舞台上的中国热潮。在第十二届威尼斯建筑双年展上，王澍以“衰变的穹顶”获得特别荣誉奖，成为了首位以个人名义登上世界第一大建筑展领奖台的中国建筑师。

思考题

1. 简述职业与行业、产业的关系。
2. 以你未来所从事的职业为例，分析该职业所面临的职业环境。
3. 分析建筑装饰行业的主要岗位，谈谈你未来的职业岗位意向。
4. 以建筑装饰行业的某一职业为例，列举该职业岗位的主要职责。
5. 根据你所熟悉的建筑装饰公司，分析该公司的主要业务。

专题三　认知专业

学 习 目 标

通过本专题的学习，学生能够了解土木工程专业大类；了解高等职业教育和其他高等教育的关系，了解通识教育和专业教育的关系，了解建筑装饰工程技术专业人才培养方案，了解本专业的课程体系。

学 习 任 务

通过课堂教学和查阅文献和网络等相关资料，讨论分析建筑装饰工程技术专业人才培养方案和课程体系。

一、土木工程专业大类

1. 土木工程概况

土木工程是一种工程分科，指用石材、砖、钢材、木材、建筑塑料、铝合金等建筑材料修建房屋、铁路、道路、桥梁、隧道、堤坝、港口等工程的生产活动和工程技术。土木工程也是一种学科，称为土木工程学，是指运用数学、物理、化学等基础科学知识，运用力学、材料等技术科学知识，以及土木工程方面的工程技术知识来研究、设计、修建各种建筑物和构筑物的一门学科。

我国的建筑业和土木工程的教育、研究受苏联教育体制和思想的影响，长期以来高等教育存在着学科专业设置过于狭窄的现象。土建类专业被划分为桥梁与隧道工程、铁道工程、公路与城市道路工程、水利水电建筑工程、港口与海湾建筑工程、工业与民用建筑工程、环境工程、矿山建筑工程等十多个面很小的专业。

1998年教育部颁布了新的本科专业目录，土木工程专业由原来的矿井建设、建筑工程、城镇建设（部分）、交通土建工程、工业设备安装工程、饭店工程、涉外建筑工程、土木工程等八个专业合并而成，使得我国的土木工程专业正式规范于“大土木”的框架。

2. **土木工程的特性**

（1）公共性。土木建筑业的目的是为要为人类创造良好的社会生活环境，是一种公共福利事业。

（2）基础设施建设。土木建筑业主要进行的是产业和生活基础设施的建设、设置和配备，如铁道、公路和城市道路、水利设施、能源设施、上下水道、市民住宅等。

（3）不可逆性质。对于大型土木工程建筑物或大型设施，只能是一次建成，而不能采用反复试验的办法。

（4）对象为大自然。土木建筑业是以大自然为对象，地球表面是“表演”的舞台。在进行土木工程建设时，必须努力持有与自然界相共存的观念。

（5）招标制。目前国内外广泛采用的分派建设任务的交易方法为工程招标制。

（6）工程周期长。由于建筑工程实体庞大、个体性强、消耗社会劳动量大，影响因素多，因此生产周期较长。

3. **土木工程的发展**

土木工程的发展经历古代、近代和现代三个发展时期，每一个时期都有其发展特点和代表性建筑。

（1）古代土木工程时期。时间跨度很长，大致从旧石器时代（约公元前5000年起）开始至17世纪中叶。所用材料最初主要来自于自然，所用工具为斧、锤、刀、铲和石夯等手工工具。施工主要凭借的是经验，缺少理论上的依据和指导。典型建筑有埃及的金字塔、罗马的斗兽场、雅典的帕德农神庙等。

（2）近代土木工程时期。其从17世纪中叶到20世纪中叶，大约300年。有力学和结构理论作为指导；砖、瓦、木、石等建筑材料得到广泛使用；混凝土、钢材、钢筋混凝土以及早期的预应力混凝土得到发展；施工技术进步很大。典型建筑有法国埃菲尔铁塔、美国的金门大桥、美国帝国大厦等。

（3）现代土木工程时期。指20世纪中叶第二次世界大战结束后至今。功能要求多样化，城市建设立体化，交通工程快速化，工程设施大型化。典型建筑有迪拜的哈利法塔、台北的101大厦、上海环球金融中心、南通苏通大桥等。

4. **土木工程的主要范围**

（1）道路桥梁方面。“世上本没有路，走的人多了，也便有了路。”路与人的关系是非常密切的，我们的身边，随时随刻都可以看到，城市与城市，城市与乡村，乡村与乡村之间及内部都是由道路连接在一起的。近年来，我国公路建设取得了较好的成绩。

公路建设方面呈以下特点:全国有一半以上的省份高速公路里程超过1 000公里。新增公路通车里程4.6万公里，总里程达到181万公里； 其中新增高速公路4600公里，高速公路通车里程近3万公里。同江至三亚、北京至珠海、连云港至霍尔果斯、上海至成都四条国道主干线基本贯通，从而实现了“五纵七横”国道主干线系统第一阶段建设目标，即“两纵两横三个重要路段”的全部贯通。

（2）隧道及地下工程。当今世界，人类正在向地下和海洋开发。向地下开发可归结为：地下资源开发、地下能源开发和地下空间开发三个方面。地下空间的利用也正由“线”的利用向大断面、大距离的“空间”利用发展。

20世纪80年代国际隧道协会（ITA）提出“大力开发地下空间，开始人类新的穴居时代”的口号。顺应于时代的潮流，许多国家将地下开发作为一种国策，如日本提出了向地下发展，将国土扩大十倍的设想。从某种意义上来讲，地下空间的利用历史是与人类文明史相呼应的。

我国地下空间的开发和利用始于20世纪60年代。1965年北京建设地下铁道。1号线工程自北京站至苹果园，采用明挖法施工。2号线工程为环线，于老城墙下修建，采用浅埋明挖法施工。也是在60年代，上海修建打浦路水底公路隧道。70年代，我国修建了大量地下人防工程，其中相当一部分目前已得到开发利用，改建为地下街、地下商场、地下工厂和贮藏库。80年代上海建成延安东路水底公路隧道，全长2 261m，采用直径11.3m的超大型网格水力机械盾构掘进机施工。同一时期，上海还建成电缆隧道及其他市政公用隧道等20余条，总长达30余千米。1985～1987年，上海建成黄浦江上游引水隧道一期工程，日引用量达230万吨，社会效益十分显著。人民广场地下车库的建成，其平面尺寸达176m×146m，深11m。广州地铁、南京地铁等在此一时期进入设计与施工准备阶段，宁波开始了水底公路隧道的修建工作。90年代以来，我国城市地下的交通与市政设施加快了修建速度。上海地铁1号线、地铁2号线已相继开通。我国地下空间开发利用的网络体系已开始建设，多在地表至-30m以内的浅层修筑地下工程。可以预见，随着经济的发展，我国地下工程将进入蓬勃发展的时期。

世界已有数百个城市修建了地下铁路。一些工业发达国家，逐渐将地下商业街、地下停车场、地下铁道及地下管线等结为一体，成为多功能的地下综合体。

（3）高层建筑。高层建筑首先从美国兴起。1883年在芝加哥建造了第一幢砖石自承重和钢框架结构的、高11层的保险公司大楼。随着人口向大城市集中，随着城市用地的日趋紧张，以及电梯的发明和应用，结构理论的突破，新型材料的不断问世，高层建筑开始大量出现，且建筑规模越来越大，建筑高度越来越高。1913年在纽约建成了高52层的伍尔沃思大楼，1913年在纽约建成了高102层，381米的帝国大厦。但是尽管当时已经采用了先进的钢框结构和劲性钢混凝土材料，都尚未创造出与新的建筑类型相适应的造型形式，人们造型观念还徘徊在中世纪高层建筑的形式中，因而新的结构类型被传统的造型形式所包裹，结构和造型为开始真正结合。

现代高楼更是群起林立，如香港中国银行大厦（高368.5m），芝加哥西尔斯大厦（高443m），芝加哥汉考克大厦（高344m），“东方明珠”（高468m），上海金茂大厦（高420.5m）等。

装饰工程作为建筑工程的分支，随着人民的生活水平逐渐提高，将得到更快更好的发展。

5. **土木工程的未来**

（1）信息化施工。所谓信息化施工是在施工过程中所涉及的各部分各阶段广泛应用计算机信息技术，对工期、人力、材料、机械、资金、进度等信息进行收集、存储、处理和交流，并加以科学地综合利用，为施工管理及时、准确地提供决策依据。

（2）智能化建筑。智能化建筑目前还没有确切的定义，但有两个方面的要求应予满足。首先房屋设备用先进的计算机系统监测与控制，并可通过自动优化或人工干预来保证设备运行的安全、可靠、高效。其次安装了对居住者的自动服务系统。对于办公楼来讲，智能化要求配备办公自动化设备、快速通信设备、网络设备、房屋自动管理和控制设备等。

（3）智能化交通（ITS)。智能化交通一般包括以下几个系统：先进的交通管理系统、交通信息服务系统、车辆控制系统、车辆调度系统和公共交通系统等。

（4）土木工程分析的仿真系统。许多工程结构是毁于台风，地震、火灾、洪水等灾害作用。在这种小概率、大荷载作用下的工程结构性能很难一一去做实验验证，一是参数变化条件不可能全模拟，二是实体试验成本过高，三是破坏实验有危险性，设备达不到要求。而计算机仿真技术可以在计算机上模拟原型大小的工程结构在灾害荷载作用下从变形到倒塌的全过程，从而揭示结构不安全的部位和因素。用此技术指导设计，可大大提高工程结构的可靠性。

6. **我国土木工程发展之路**

虽然，我国土木工程已取得了长足的进步发展，但是我们必须正视现状，增强调整的紧迫感，现阶段主要问题有布局趋同分散、规模发展滞后、专业水平偏低、效益提高不快等。我们必须科学决策，明确需调整的内容，审时度势，落实调整的举措：抢抓市场，搞好调整扩份额；分类促进，加快调整壮规模；依托科技，提高调整含“技”量。

我国的煤、石油、天然气、水、森林总量均居于世界前列，而人均占有量却全部低于世界平均水平。人口、能源、教育、污染问题已经成为我国所面临的四大严重问题，走可持续发展迫在眉睫。而土木工程，也应当立足长远，走出一条可持续发展之路。

（1）发展高新技术，应用结构健康监测，实现可持续发展。土木工程在实际使用过程中，会出现不同程度的损伤或性能退化，这将影响起承载能力和耐久性，甚至引发严重的工程事故，带来重大的人员伤亡和经济损失，产生严重的社会影响。因此，从建筑建成的一刻起，就要做好健康监测、修复和加固的准备。

随着现代传感技术、计算机与通讯技术、信号分析与处理技术及结构动力分析理论的迅速发展，人们提出了结构健康监测的概念，给土木工程的发展带来革命性的变化。

结构健康监测系统通过在结构上安装各种传感器，自动、实时地测量结构的环境、荷载、响应等，对结构的健康状况进行评估，科学有效地提供结构养护管理的决策依据，确保结构安全运营，延长结构使用寿命。

近年来，大型土木工程特别是大跨度桥梁结构的健康监测技术成为国内外工程界和学术界关注的热点，通过科研和工程技术人员的努力取得了卓有成效的研究成果。国内外近年新建的许多大型桥梁都安装了结构健康监测系统，如我国的上海徐浦大桥、江阴长江公路大桥、东海大桥、香港地区的青马大桥，韩国Seohae桥和Youngjong桥、美国Commodore Barry桥和加拿大Confedration桥等。

像这样，通过发展结构健康监测与安全预警，在第一时间发现建筑可能出现的问题，并及时进行修复与加固。这既避免了可能出现的建筑事故，也基本解决了建筑过快老化损坏，不得不拆去重修的尴尬局面，及由此造成的大量经济、资源、时间上的浪费，实现建筑使用的可持续发展。

（2）合理利用自然资源，注重既有土木工程设施的再利用，实现可持续发展。“可持续发展是在不牺牲后代并满足其需要能力的条件下，满足当前的需要”。合理利用自然资源，则要在土木工程的建设、使用和维护过程中，土木工程师主动做到节能节地，并最大限度地发挥既有土木工程设施的作用。

比如，我们可以充分利用建筑绿化，在夏季有效降低灰砖墙表面温度，从而减少空调的使用量；可以使用节能保温型的多孔砖或复合墙体作为墙体材料，达到冬季保温隔热的作用；还可以以太阳能、地下热能等新能源，降低不可再生资源用量。

另外，对既有建筑的再利用也是可持续发展的重要手段之一。这方面，上海已经取得不少成功的经验：大量不用的厂房，很多已经转变为展览厅、办公楼、艺术家工作室等。这样的改造再利用，既符合现代使用的要求，又节约了能源，避免了浪费，不失为一种有效的办法。

（3）开发利用再生资源和绿色资源，实现可持续发展。世界上每年拆除的废旧混凝土、工程建设产生的废旧混凝土等均会产生巨量的建筑垃圾。我国每年的施工建设产生的建筑垃圾达4000万吨，产生的废混凝土就有1360万吨，清运处理工作量大，环境污染严重。此外，我国是20年来世界水泥生产的第一大国，而这本身是一项高耗资源、高耗能、污染环境的行业。

与其他材料相比，钢材和再生混凝土较为符合绿色建材的标准，应当大力发展这样的绿色建材。

二、高等职业教育

1. 高等职业教育发展概述

我国高等职业技术教育经过30多年的实践和建设，已经成为一种重要的教育类型，成为我国高等教育发展中必须依靠的一支重要力量。从其发展规模看，占我国高等教育的半壁江山，为我国经济建设培养了一批急需的技术应用型人才和高技能型人才。 随着中国产业结构的升级和全球经济一体化步伐的加快，社会对高级技能型人才的需求日益增大。

我国高等职业技术学院大致经历以下几个阶段。

（1）探索试验阶段。1978年，天津、无锡等地率先创办了职业大学，这是最早具有高职技术教育性质的学校。1980年国家教委批准设立首批13所职业大学。1985年中央提出要积极发展高等职业技术院校，国家教委决定在上海电机制造技术专科学校、西安航空技术高等专科学校、北京防灾技术高等专科学校试办5年制技术专科教育。1991年1月，经国家教委和总后勤部共同批准，在中国人民解放军军需工业学校基础上，建立邢台高等职业技术学校，率先在全国试办高中起点的高等职业技术教育。1994年全国教育工作会议首次提出了通过三改一补发展高职教育的方针，这是我国高职教育发展重大政策转变，也是对高职教育认识更加深入的体现。1997年国家教委明确提出新建高等职业学校一律定名为职业技术学院或职业学院，同时鼓励通过改革、改组、改制发展高职教育的学校照此更名，首批批准深圳职业技术学院和邢台职业技术学院挂牌。

（2）快速发展极端。1998年教育部提出多渠道、多规格、多模式发展高职教育的要求，并拨出了11万个招生指标，在20个省市用于试点发展高职教育，初步形成了以职业能力教育为中心的人才培养模式，初步开创了有中国特色的高职教育之路。1999年5月中共中央国务院关于深化教育改革全面推进素质教育的决定提出:高等职业教育是高等教育的重要组成部分，要大力发展高等职业教育。教育部、国家计委印发试行按新的管理模式和运行机制举办高等职业技术教育的实施意见，形成“六车道”一起办高职的繁荣局面。教育部颁发面向21世纪教育振兴行动计划，再一次提出要发展高职教育，并出台了一系列的方针政策，高职教育迎来了大规模发展时期。2004年教育部职业教育与成人教育司印发了职业教育与成人教育工作要点的通知、国务院关于大力推进职业教育改革与发展的决定，教育部等七部门联合颁发了关于进一步加强职业教育工作的若干意见等文件，使高职教育步入依法健康发展的新轨道。

（3）质量评估阶段。2004年4月，教育部下发关于全面开展高职高专院校人才培养工作水平评估的通知。为了推动高职教育持续健康发展，正式启动高职高专院校人才培养水平评估工作，教育部制订了高职高专院校人才培养工作水平评估方案(试行) 高职高专院校人才培养工作水平评估工作指南(试行)、高职高专院校人才培养工作水平评估专家组工作细则(试行)等指导性文件，高职教育从数量的扩张转向质量提升轨道。

（4）启动示范阶段。2006年11月教育部、财政部为贯彻落实国务院关于大力发展职业教育的决定，正式启动国家示范性高等职业院校建设计划。先后评选出了首批28 所和第二批42所国家示范性高等职业院校立项建设院校。这些学校的示范性建设带动和影响了全国高等职业院校的改革与发展，高职教育迎来了一个前所未有的发展机遇。到2008 年，全国共有高职高专院校1168所，在校生近880万人，占全日制普通高校本专科在校生的47%。我院是国家首批高职示范建设单位，并于2011年通过国家示范建设验收。

2. 高等职业教育的内涵

高等职业教育是高等教育发展中的一个类型，肩负着培养面向生产、建设、服务和管理第一线需要的高技能人才的使命。这种教育坚持“以服务为宗旨，以就业为导向，走产学结合发展道路”，强调对职业的针对性和职业技能培养。高等职业教育的主要特征主要有:一是职业针对性，这是其本质属性；二是大众性；三是产业性；四是社会性。

高等职业教育的内涵主要体现以下几个方面。

（1）办学指导思想要以服务为宗旨、以就业为导向、走产学研结合之路。

（2）专业设置要以人才市场需求变化为导向，不是针对学科，而是针对职业岗位或岗位群，适时调整专业结构和培养方案。

（3）课程体系要以培养学生综合职业能力为主线。

（4）素质教育要贯穿于人才培养工作的始终，并要以职业素质教育为核心。

（5）围绕培养目标的实现，建设学历、职称结构合理、双师素质、专兼结合的师资队伍；建立满足实践能力、职业技能培养要求的校内外实训基地和实践训练体系。

（6）建立以培养高技能人才为目标的教学质量保证与监控体系。

（7）建立以就业率、就业质量、社会诚信度为主要杠杆的产学合作、多元投入、优胜劣汰机制。

3. 高等职业教育模式

我国高等教育经过十几年的快速发展，教学水平和教学效果不断得到提高，各学院结合自身的实际，形成了有中国特色的高等职业教育模式，主要的形式有以下几种。

（1）工学交替形式。这种形式是将一年分为三个学期，每一学年中，有两个理论教育学期，一个学生到企事业单位顶岗实践的工作学期。如本溪冶金高等专科学校等院校，从1985年先后开始试验这种形式，至今已经形成了一套比较完整规范的管理机构和运行操作办法。

（2）中后期结合形式。这种形式是学生在校学习期间安排一次较长时间的实践活动，一般为一学期至一年不等。这种可以称为“厚三明治”式的产学研合作教育形式一般都在国家规定的学制内完成教学任务，不延长学制，如原吉林电气化高等专科学校进行的“2+1”形式。

（3）结合实际任务的形式。这种形式是学生在学校教师的指导下，通过完成用人单位提交的实际项目，如调研任务、采访任务、规划勘测任务等，培养学生的实践能力、创新能力和创业精神，提高学生的综合素质。由于任务的大小和时间多少的不固定，这种形式的实施需要一个比较灵活的教学计划和教学管理体制。文、经、法等专业比较多采取这种形式。

4. 高等职业教育与其他高等教育的关系

高等职业教育在我国的全面实施是从1998年开始的，因此，明确高等职业教育的定位，首先应该明确高等职业教育与其他高等教育的关系。

（1）高等职业教育与高等教育。高等职业教育作为高等教育大家庭中的重要成员，在教学中必须遵循高等教育共同的教育教学规律，具备高等教育的一般教学特点，但它又与一般意义上的普通高校培养人才的标准和规格不同。

（2）高等职业教育与中职教育。高等职业教育和中职教育都是职业教育家庭中的重要成员，都应遵循职业教育的教学规律。两者的共同点在于其人才培养目标都要坚持以就业为导向，都是培养技术应用性人才；但在培养人才的规格与标准上的要求不同，教育对象的差异性较大，处于不同年龄阶段，有不同的年龄特征。因此，两者应各有自己的教学特点。

（3）高等职业教育与基础教育。基础教育主要指小学、初中、普通高中教育。高等职业教育与基础教育同属学校教育，在教学上有共同之处。由于两者的性质不同，培养目标、规格不同，办学的类型、形式与层次不同，其教学特点必然有自己的特别之处。高等职业教育的教学决不能套用基础教育的做法，必须有自己的特点。

（4）高等职业教育与成人教育。就目前而言，成人学历教育从层次上有高等、中等，从形式上有全脱产、半脱产、业余、函授，而高职教育主要是指专科层次的全日制教育。可见，成人教育与高等职业教育在类型、层次、形式、培养目标等方面，都有较大差异，因此在教学上也应有明显的不同。

5. 国外高等职业教育简介

世界各国的职业教育都在不断进行着改革与创新，也涌现出了许多特色鲜明的教育模式。在职业教育的培养模式、课程设计、教学方法、校企合作等方面，有许多国家的经验都值得我们借鉴。

（1）德国高等职业教育的产学结合模式——“双元制”模式。德国职业教育体系以“双元制”闻名于世。几十年的实践证明，这种“双元制”的职业教育体系，是德国能在世界竞争日益激烈的情况下，始终使自己的新产品、新工艺处于世界领先地位并占领世界市场的根本条件。因此，“双元制”的职业教育体系被称为德国经济振兴的“秘密武器”。随着德国经济的复兴和高科技迅猛发展，以“双元制”职业技术教育为主体的职业教育体系进一步得到发展和完善，并且已扩展到高等教育领域。

“双元制”指学生既在企业里接受职业技能培训又有部分时间在职业学校里接受专业理论和普通文化知识，将企业与学校、理论与实践紧密结合起来，主要以专业技术工人为培养目标的职业教育培养制度。其特点如下。

①职业培训是在两个完全不同的机构进行的——企业和学校。企业和学校是培训的两个互补机构，但以企业培训为主。

②受训者兼有双重身份。一方面，受训者根据他与企业签订的培训合同在企业内接受培训，是企业的学徒；另一方面，受训者在职业学校接受理论课教学，是学校的学生。

③培训者由两部分人员担任。在企业实施实践技能培训的老师称为实训教师，在职业学校教授文化课和专业理论课的老师称之为理论教师。

④教学内容由两部分组成。企业培训严格按照政府颁发的培训条例及培训大纲进行，职

业学校的教学则完全遵循州文教部制定的教学大纲。

⑤管理体制上两条线。企业的职业培训由政府主管，它受《职业教育法》约束；职业学校的组织、管理则由各州负责，其法律基础是各州的《学校法》或《职业义务教育法》。教育经费来源于两个渠道，企业及跨企业的职业培训费用大部分由企业承担，职业学校的费用则由国家及州、镇政府负担。

德国的高等职业教育主要由两类高等教育机构实施，一是专科高等学校，另一是职业学院。专科高等学校，是德国《高教法》明确的高等教育重要形式之一，目前全德共有177所，在校生数接近40万。职业学院，是德国《职业教育法》中明确的第三级教育，是中等职业教育的双元制延伸到高等教育领域的一种高等职业教育，近年来发展迅速。两类学校均以“双元制”为基本模式，校企合作贯穿办学的全过程。

在专业建设方面，德国高等职业教育的培养目标是非常明确的，都是培养应用型人才。特别是职业学院，它不是为自由的劳动力市场培养“通用人才”而是为特定的企业培养“专用人才”。为达到这一培养目标，学校的专业建设工作都是由企业和学校共同完成的。每个专业都设有专业委员会，其成员主要由企业和学校的代表构成，负责本专业教学计划的制订、实施、检查和调整。也即学校的课程设置、实验安排、实训实习次数及时间的确定、考试的组织和毕业论文（设计）的要求等都是学校和企业共同研究决定的，因而所培养的学生很有针对性，毕业后可以直接上岗。

在教学考核环节，学生的学业要在学校和企业完成，鉴定学生学业成绩及技能水平的考试，也由学校和企业联合进行，也即决定学生是否能毕业或拿到某方面的技术等级证书不是学校单方决定。考试分为学校考试、企业考试和行业协会组织的技能证书考试。基础理论课程的考试一般由学校组织进行。学生在企业培训期间，其实习成绩的考核与评定工作由企业负责，考试的内容、形式和时间都由企业指导教师确定。毕业论文（设计）的内容必须从企业实际出发，企业教师作为学生的第一指导教师，学校教师作为学生的第二指导教师，毕业论文（设计）的答辩及成绩的评定，由企业和学校联合组织进行。行业协会组织的考试，是对学生某方面技术水平和技术等级的鉴定，合格者确认其有某方面任职资格。

（2）美国高等职业教育的产学结合模式——“合作教育”模式。美国的“合作教育”最早出现于1906年，是辛辛那提大学同几家大企业对27名工程专业的学生试行的，采取“工学交替式”培养。实施的办法是：大学生自入学起学习半年后，便将企业的实际训练和大学的教学以2个月左右为期限交替进行，到毕业前半年，集中于大学授课，最后完成毕业计划。在培训合格劳动者的目标下，开展学校与工商企业、服务部门等校外机构之间的合作，把学生的理论学习、实际操作或训练有机地结合起来。其主要特点如下。

①办学以学校一方为主，学校根据所设专业的需要与有关企业取得联系，双方签订合作合同，企业一方提供劳动岗位、一定的劳动报酬，并派管理人员辅导学生适应劳动岗位、安全操作，协助学校教师确定学生应掌握的技能，一起评定学生成绩、劳动态度、工作数量和

质量等；学校一方派教师到企业去指导、监督学生劳动，沟通学校与企业合作双方的要求。

②教学时间分配上，大致分为1∶1，即一半在校学习，一半在企业劳动，学习与劳动更换的方式灵活多样。

美国实施高等职业教育的主体是社区学院。全美现有社区学院1200余所，在校生约占大学生总数的44%。社区学院几乎遍及全美各社区，按人口密度分布设立。办学规模一般为2万～4万人，办学宗旨是为社区服务。“合作教育”贯穿于社区学院的办学全过程。

在高职在课程设置方面，社区学院课程设置以满足社区需要为原则，其开课面之广几乎无所不包。以伊利诺伊州为例，州社区学院委员会认可的专业目录即达140种之多，涉及文、理、工、农、经、商、管、法、医、家政、社会、服务、环境、交通、通信、教育、食品、保健和维修等诸方面，其中大部分为实用性专业，包括最新科技成果，以满足社区内各种人员入学要求。随着社区的发展，仍在增设新课程。

在教学模式方面，社区学院办学的最大特点是灵活，以方便学生就学。学院实行学分制，修满学分即可毕业，学习年限可根据个人情况而定。社区学院以在职学生为主，学校从早到晚每周7天开课，这种安排使学生易于业余选课。学院设在社区，离家近，学生走读，有利于他们照顾家庭，减少开支。学校既开设基础性课程，也开设实用性课程，学生毕业既可升学也可就业。社区学院的另一个特点是凡本社区居民均可交费入学，无须入学考试，学院为此设有补习班，作为少数学生选修学院课程的前提。社区学院还向学生和全社会提供各类免费信息咨询服务和学习输导。

（3）英国高等职业教育的产学结合模式——“工读交替制”模式。英国的全日制高等职业教育主要采用工读交替制。

工读交替制也称 “三明治”学制，主要分为长期和短期两种。长期的工读交替制指在学院学习和在企业工作的年限都较长。有4年制的课程，前两年在学校学习，第3年在企业工作，第4年又回到学院学习、考试、取得证书，即“2+1+1”。有5年制课程，第1年在企业工作，第二、三、四年在学院学习，第5年又回到企业，即“1+3+1”。短期的工读交替制更为常见，通常为6个月。工读交替制的学生也分为两类：以企业为依托的和以学院为依托的。以企业为依托的学生，无论是在企业工作还是在学院学习，都由企业付给薪金。以学院为依托的学生，在学院学习期间由学院提供资助，在企业时领取企业付给的工资。

企业的学生可以通过学习获取更高的职业资格，改善其职业前程；学院的学生由于在企业实习，因而有可能在择业中处于优势。这种学习形式要求有非常细致、周密的组织，使得学院的学习与企业实习融为一体，同时对教师的要求也比较高。英国高等职业教育主要在多科技术学院及一些继续教育机构中实施，其开展合作教育的特点。

①根据社会实际需要设置相应专业。英国多科技术学院的专业完全是根据当地的工业、商业、服务业的实际需要而确定的。设置哪些专业和开设哪些课程，事先要多次调查，反复征询有关企事业单位的意见，然后进行评价，再报地方委员会批准。有的专业每年招生，有

的专业隔年招生，有的专业隔两年招生，如发现劳动市场某类技术人员过剩即停止招生。总之，为本地区的经济与社会需要服务，针对本地区工、农、商等各行业的需求，安排教学计划，提供适应本地区的职业教育课程，使学生毕业后能马上就业，做到学以致用，这是多科技术学院专业设置的出发点。多科技术学院的教学采用单元制模式。所谓单元制，就是把一门课分成几个符合标准长度、内容相对独立的单元，学生学完几个单元，通过经常性的测验和正式考试便通过了这门课程。学生可以选甲专业的几个单元和乙专业的几个单元，甚至跨专业、跨学科选学单元，这可使学生学习的知识面拓宽，更有利于发挥自己的才能和特长。

②采用“三明治”教学方式。为了使学生一毕业就能适应自己的工作岗位，绝大部分多科技术学院都实行了工读交替的“三明治”教学方式：学生用一段时间学习理论知识，一段时间到工厂企业参加生产劳动，以验证理论，接着再学习一段理论，又到实践中去，如此交替进行，直到掌握所学专业，通过考试，得到毕业证书为止。实践证明，这种教学方式有利于学生更好地理解理论知识，掌握生产技巧和生产过程中较为重要的管理知识，熟悉自己所从事的生产活动在整个生产过程中的地位及其前后衔接的生产程序和关系。

③学制灵活。2年制的全日制高级专业证书课程类似我国的高等专科学校，对入学的新生要求低于3年制读学位的学生。全日制3年制包括“三明治”学制，其毕业生可获得学士学位，相当于英国的大学毕业生。这种学校既招收一般中学毕业生，又招收在职人员，既担负职前教育，又承担职后进修培训的继续教育，有全日制、半日制，也有夜间制、函授制。尤为突出的是，这类学校提供多级水平的课程，毕业生能获得不同的学历资格。

④企业在职业教育中发挥重要作用。在英国，企业从以下几方面积极参与职业教育：雇主在一些教育基金会等关键机构中任职；雇主直接参与学校领导班子；企业参与制订职业资格标准；企业参与对学校的评估；企业以各种方式对学校提供资助；与学校建立合作办学制度，提供实训设备、场地。学校非常重视进行社会调查，总是根据社会、企业的需要设置专业，并严格按照企业或行业协会制订的标准进行教学；把职业知识纳入到学校课程，开设“工作经验课程”；学生定期到企业参观，学校教师经常到企业工作一段时间，以帮助他们对工作环境更加熟悉。

⑤政府通过立法给予支持。为了促使企业参与教育，政府通过立法，确保在继续教育的学校和公立中学的管委会有企业主代表。1989年政府宣布成立培训与企业协会，目的在于让企业在当地组织中起主导作用，赋予它们培训青年的重任。这样就使学校教育与职业培训得到协调发展。经验证明，这样做对教育界和企业界都有利，从而使双方的合作更加紧密协调。企业主需要录用基础知识扎实、有培养前途的合格青年，他们对学校的教学方法和目标以及如何改革也要了解。学校要符合企业主和青年人的要求，掌握工作与劳动力市场趋向的信息。

（4）澳大利亚高等职业教育的产学结合模式——“行业主导型”模式。在世界上经济比较发达的国家，行业在职业教育中都发挥着非常重要的作用。澳大利亚在过去多年的职业教育改革中，更是形成了以行业为主导的职业教育制度，使TAFE（“技术与继续教育”——

Technical And Further Education，是澳大利亚义务教育后最大的教育与培训组织，）具有了可持续发展的强大动力。行业在TAFE中的主导作用具体表现在以下几个方面。

①主导有关职业教育和培训的宏观决策。国家和各州管理TAFE的组织机构，是以来自并代表行业意志的人员为主组成的。如澳大利亚国家培训署（ANTA）是代表澳大利亚联邦政府管理TAFE的权威机构，由政府、行业教育界的代表组成，本届ANTA共有7名成员 ，其中有5名来自澳大利亚的支柱行业。其他重要机构，如联邦和各州TAFE的行业培训顾问委员会、各州TAFE服务处都是以来自行业的人员为主组成的。这些机构对TAFE发展重大问题（如适应就业市场、满足企业需求、争取经费投入等）作出的宏观决策充分体现了行业的主导作用。

②参与TAFE学院办学的全过程。行业对TAFE的主导作用也体现在TAFE学院办学的整个过程中，具体表现在以下四个方面。

a．制订办学操作规范。联邦和各州TAFE的基本框架和重要文件，除国家标准框架、国家资格认可标准外，连具体的课程开发都是以行业为主导制订、由政府颁布的方式出台的。通过制订和颁布这些文件，行业对TAFE的要求落到了实处，从而使得TAFE学院的专业设置、培养目标、课程结构、能力标准、教学模式等方面纳入行业需求的轨道。

b．直接参与学校管理。所有TAFE学院均有院一级的董事会，主席和绝大部分成员是来自企业第一线的资深行业专家。董事会通常每季度开一次会，对学院的办学规模、基建计划、教育产品开发、人事安排、经费筹措等进行研究和作出决策。此外，任何一名新职员的招聘过程必须有来自企业的人员介入。

c．充实学院教师队伍。除了规定TAFE学院的长期任职教师必须具有3～5年在企业工作的经历之外，行业还通过鼓励兼职教师到学校讲课，以最新的职业技术来影响学校的教学工作。行业人员以到学院当老师或兼课为荣。兼职教师一般在晚上上课。行业的高水平专家也接受学院的邀请定期或不定期到学校进行专题技术讲座。同时，企业根据TAFE学院教职工管理的惯例，接受学院教师每学年两周到企业工作，并吸收教师成为行业协会会员，从而确保学院教师的教学不脱离企业实际。

d．支持实训基地建设。行业还通过帮助学校建设实训基地、接待学生实习等方式参与学校的实践教学工作。企业为培养出掌握先进技术的新员工，将最先进的生产设备提供给学院用，以加强校内实训实习基地建设，并负责不断更新。此外，企业还支持学校建立起全国范围模拟实训公司网络，供所有TAFE学院学习使用。目前澳大利亚国内已建有近100家由各种行业赞助的模拟实训公司，并与国际上3000多个著名的跨国模拟实训公司联网。

③负责教学质量评估。国家和州的行业培训顾问委员会除了每年对学校的教学质量进行定期评估之外，还经常进行企业对职业教育和培训满意程度的调查。企业则积极响应这种调查，提供对职业教育和培训的看法和建议。从1999年和2000年对6000位企业雇主的调查结果来看，其中有83%的雇主对TAFE总体上表示满意，74%的雇主认为培训的价值已体现在雇员素质的改善和生产力的提高上了。

④投资岗位技能培训。澳大利亚政府通过立法规定企业必须拿出相当于工资总额的2%用于培训。实际上一般企业都已突破了这个比例。企业培训的实施大体上是：企业提出员工培训的需求和目标，TAFE派人与企业内专职培训教师共同研讨、制订培训项目数，包括课程设置、课时安排、教材选取、考核与评估、时间、场地及费用等，经公司认可后，由TAFE照此实施。有时，这一过程不是经过协商，而是企业采取招标方式进行。

按照上述的方式开展的职业教育与培训，使企业直接从中受益。企业家们意识到只有依靠科学进步和员工素质的提高，企业才能在激烈的市场竞争中取得一席之地。由此，TAFE学院与企业相互依赖、相互支持、共同发展，形成一道独特的澳大利亚高等职业教育风景线。

（5）日本高等职业教育的产学结合模式——“产学合作”模式。日本高等职业教育阶段的“产学合作”，主要包括与产业界在办学上的合作、科研上的委托、人事上的交流、资金上的资助等方面。20世纪80年代以来，日本的产学合作获得长足的发展，学校与企业之间形成一种新型的关系：学校向产业提供人才，产业向学校提供实践的条件以利于人才的培养；同时产业向学校提供各种捐赠和资助，促进学校科学研究的发展；学校将有应用价值的科研成果提供给企业；学校承担企业的委托研究，企业委托学校培养和提高研究开发人员的研究水平。学校与企业的这种合作是互相需要、互利互惠的，对企业开展技术革新，提高产品的技术含量，增强在市场上的竞争力和对学校科学研究的促进是十分有利的。其形式主要有以下几种。

①产业界向学校投资。学校接受产业界的资助，作为设施、设备和经营管理的资金，如日本钢铁联盟出资设立神户钢铁短期大学。但学校接受产业界的投资后，便按照产业界的要求培养人才。另外，一些企业还对在校学生提供“奖学金”，以便使这些学生毕业后到企业去工作。

②企业与学校在人员上互相交流。有些学校教师兼任企业研究开发部门的顾问，也有兼任公司咨询委员会委员等职务的，而企业中的一些技术人员、专家则兼任学校的讲师等。这种交流使企业与学校互相沟通，学校编组课程时，能够充分地估计到产业部门的需要。另外，企业还为学校的学生提供现场实习、实践的机会；同时也派自己的职工到学校去进修，以便提高科研能力。

③企业委托项目。双方就有关研究范围、期限、经费、专利、版权所有和保密责任等事项签订合同，研究成果由企业付给报酬，并应用到实际生产中去。这种“产学合作”，有利于学校与企业之间在人才、物力、财力上的资源共享，缩短科技人员从理论到实践的距离，加速了科技人员的培养。企业拥有物力和财力，但需要智力支持，而学校搞科研又需要财力、物力，科研成果也急需投入应用，特别是应用性科研成果，必须尽快投入应用才具有真正的价值。通过合作，把两者的优点结合起来，做到一举多得。

学术振兴会在产学结合中发挥了重要的作用。学术振兴会是日本学术振兴事业的中心实施机构，其工作内容之一是促进大学的学术研究和社会的合作与联合。学术振兴会的工作得到学术界和产业界的支持与合作。学术振兴会下设几个组织，其中与产学结合有关的主要有“综合研究联络会议”和“产学合作研究委员会”。“综合研究联络会议”由产界和学界有识之士组成，对产学联合今后应大力发展的领域及推进其发展的方法等进行综合调查研究。“产学合作研究委员会”由产界和学界第一线研究人员组成，对将来技术开发上的重要课题交换意见，发表论文等，下设38个专业委员会。这些专门委员会根据各研究领域的具体情况开展工作。

三、通识教育与专业教育

1. 通识教育概述

通识教育就是指通才教育、一般教育，最早起源于美国的哥伦比亚大学，成型于芝加哥大学，发展于哈佛大学。目前对其的论述主要集中在三个方面。

（1）从通识教育的性质角度加以阐述。通识教育是高等教育的组成部分；通识教育是“非专业、非职业性的教育”；通识教育是对所有大学生的教育；通识教育是一种大学理念，即整个大学的办学思想；通识教育与自由教育同义，通识教育的实质就是对自由与人文传统的继承。

（2）从通识教育目的的角度进行阐述，如“通识教育指非职业性和非专业性的教育，目的在于培养健全的个人和自由社会中健全的公民”；“通识教育作为大学的理念应该是造就具备远大眼光、通融识见、博雅精神和优美情感的人才的高层的文明教育和完备的人性教育”；“通识教育旨在给学生灌输关于好公民的态度和理解”等。这类定义强调通识教育是关注人的生活的、道德的、情感的和理智的和谐发展的教育。

（3）从通识教育的内容角度进行论述。如“给20～25岁的青年一种关于人类兴趣的所有学科的准确的、一般性的知识”；“通识教育是一种使学生熟悉知识主要领域内的事实的、思想的教育类型”。这类定义认为，通识教育是关于人的生活的各个领域的知识和技能的教育，是非专业性的、非职业性的、非功利性的、不直接为职业作准备的知识和能力的教育，其涉及范围宽广全面。

2. 通识教育的主要特点

（1）“博”。通识教育具有学科专业广泛、涉及知识范围广的特点，因此通识教育又称为“博学”。但问题在于，由于人类知识体系是相当广泛的，而大学高等教育不可能通过通识教育去学习所有的知识，所以在对通识教育所学习的内容方面就必须选择具备通识教育理念的学科与专业知识。当然，如果条件许可，学习的知识越多则越好，但并不是强调什么都学，而在大学教学过程中，就必须反对把什么都列入通识教育范围的做法，杂、滥、平、泛则是通识教育教学的最大忌讳。

（2）“特”。通识教育的“特”，主要表现在特色和特殊性方面。所谓“特色”，即是要体现“通识”的特质，也就是说，通识教育是跨学科的教育范式，强调学科专业的交叉、渗透和跨学科把握问题，而了解事物和学科的相互关系，及学科相互转化、相互渗透、相互融合，进而形成新学科方面的学科创新能力。而“特殊性”，即是从事通识教育的教师必须具备跳出本身专业来思考专业问题的能力。通识教育本身是跨学科研究并有机融会贯通的过程，只有寻找到相关学科、不同学科相互连接的结点，才有可能开展通识教育。而通识教育者对于自己的学科专业，以及相关学科、不同学科的了解和认知程度，或者说对于跨学科研究的深度和广度，则是通识教育能否成功的关键所在。

（3）“新”。通识教育需要创新。从通识教育本身来说，通识教育创新体系包括：适合中国高等教育改革的通识教育体系创新，其中包括高等教育理念创新、通识教育课程体系创新、通识教育教学方式创新、通识教育教学资源共享制度创新、通识教育传播技术手段创新等方面。而从通识教育本身的功能来说，实际上是需要解决文、理、工不同学科专业打通学科专业界限，从而创造出新学科和专业的问题。对于我国的科技体系创新、制度创新，无疑是有积极作用的。如果在高等教育中不能有效解决学科专业的相互连接、相互渗透、相互转化问题，现有专业的优势地位是很难发挥最大效用的。而从全社会的角度看，有限的科技与教育资源整合也就难以找寻到最佳的结合点。

（4）“高”。通识教育“高”的特点，就意味着通识教育者始终是站在学科专业的高基点上，跟踪国际学界发展的前沿，具有高远的目标。

（5）“深”。通识教育者必须具有全面把握自身学科专业结构的特点，在本学科专业学有所成，并有较为深入的研究，这应是通识教育的基本素质和专业要求。除此之外，通识教育还需要掌握相关学科专业的知识结构，并尽可能地从整体上把握相关学科结构，这样在进行跨学科通识教育中，才能够游刃有余，更能够体会和掌握两个学科专业以上的知识与认知点。

3. 专业教育概述

专业教育又称“专门教育”。培养各级各类专业人才的教育。中国实施专门教育的机构为高等学校、中等专业学校、职业学校、技工学校以及进修班、培训班等。专业教育一般在普通教育的基础上进行。专业教育是要求执业人员具有从业必备的专业学习背景，所在学校及所学专业的办学条件、课程设计、教学过程、教育质量都要达到一定的标准，才能培养出所谓接受过专业教育的人才。

4. 通识教育与专业教育的关系

（1）通识教育与专业教育相结合，有利于培养出素养全面、具有创新能力的专门人才。首先单纯强调专业教育或者过分夸大通识教育的作用都会导致人的片面发展。高等教育专业化导致人的片面发展。由于社会分工和学科发展的需要，大学也据此在教育和学术研究上进行了一定的分工，即设立了相应的专业。随着行业专门化程度的不断提高，专业划分逐渐壁垒分明，划分的口径也越来越细，到现代已发展到愈演愈烈的程度。其次单纯强调通识教育而排斥专业教育，将使得所培养的人很难在现代社会中享有满意的工作和生活。

（2）通识教育与专业教育相结合，有利于发挥大学的主体性，推动社会的健康发展。首先“专业化”的高等教育以目的合理性作为其合理性依据，不可避免地使大学丧失了其作为社会批评与分析工具的特殊职能，从而不能有效地促进社会健康发展。其次“专业化的高等教育”在工具理性的价值取向指导下，致使受教育者的主体性被束缚，从而使社会发展丧失了宝贵的资源和活力。

（3）通识教育与专业教育相结合的必要性和可行性。首先，在未来知识体系中，要求人不仅要有专业知识，而且要能突破专业限制。其次，现代社会终身教育的趋势要求加强通识教育。最后，高科技在未来社会更广泛的发展和应用要求人的高情感的培养。

四、建筑装饰工程技术专业发展

1. 建筑装饰工程技术专业发展概况

建筑装饰工程技术专业是随着经济的发展而产生的土木系列的一个新专业，其发展也经历了探索期、起步期、发展期、成熟期。

（1）探索期。最初我国由于装饰业不发达，并没有建筑装饰工程技术专业，只有在少数本科院校具有室内设计专业。

（2）起步期。随着房地产和建筑业的发展，人们逐渐开始注重生活质量，注重对建筑物的装饰，这时各院校纷纷开设室内设计技术专业。

（3）发展期。随着建筑装饰业的飞速发展，对装饰人才的需求也不断增加，这时不仅需要设计人才，对施工人才的需求也开始大量增加。此时，部分院校开始建筑装饰工程技术专业，主要面向装饰施工一线。

（4）成熟期。目前，各类本科和高职院校均开设了建筑装饰工程技术专业，同时还对专业进行了细分，有设计方向、施工方向、效果图表现方向等。

2. 建筑装饰工程技术专业人才培养目标

建筑装饰工程技术专业主要培养掌握以建筑装饰工程施工、生产管理为核心的基本理论知识，具有建筑装饰工程招投标、建筑装饰工程预算、施工技术、施工管理等方面职业能力，在建筑装饰行业企业从事施工组织与管理、施工技术指导、施工预算、材料管理等职业岗位群的高素质技能型人才。

在教学方面，需要知识线、技术线、技能线，三线合一的课程内容。具体体现在第一学年设立以基本技能训练为主的课程，课程结构以知识→技术→技能来完成构建。第二学年以工程项目为载体，完成专业技术课程的学习。课程结束后开展实践技能训练；在办学方面，需要学校与企业融合一体的文化、需要理论与实践融合一体的课程、需要工作与学习融合一体的教学、需要产业与教学融合一体的平台、需要教师与员工融合一体的队伍。

3. 建筑装饰工程技术专业个人素质要求

大学教育的目标不仅仅是使大学生学到专业知识和专业技能，更重要的是让大学生们学会如何适应新的环境并具备在新环境中不断学习、创新、自我发展的能力，这就需要现在的大学生具有较高的道德文化素质、较强的专业素质、健康的心理和强健的体魄。而当今的大学也为同学们提供了很多素质提高的机会和平台，大学生自身应抓住机会，锻炼自己，提高自己，使自己的综合素质得到全面的提升。

（1）道德文化素质。作为一名新时代的大学生要有积极向上的精神面貌，树立正确的世界观、人生观、价值观，关心时事，积极参加理论学习，用先进的理论知识来武装自己的头脑。同时，要注意提高自身的道德文化素质，修养自身的道德品质，增加自己的人文社科知识，如历史知识、社会知识、文学知识等。大学是一个人度过一生中最年轻、最美好时光的地方，从某种意义上讲大学是一个人成长最快的地方。

（2）专业素质的提高。专业素质主要是指大学生的本学科、本专业的知识、基本理论、基本技能以及自我学习能力、创新能力等。大学生应具备的知识结构有以下几个方面。

①宽厚扎实的基础知识。大学生无论选择何种职业，也不管要向哪个专业方向发展，都少不了宽厚、扎实的基础知识。近年来科技发展迅猛，知识更新加快，但更新的绝不是基础知识，基础知识是知识更新的原动力。随着科技和经济的高速发展，社会的产业、行业、职业结构调整的速度必然加快，大学生在择业、就业上已不可能再是从一而终，职业岗位随时变动的状况不可避免。要适应这种变化，必须靠宽厚、扎实的基础知识。

②精深的专业知识。大学生是将要从事较强专业性工作的人才，因此专业知识是其知识结构的核心部分，也是科技人才知识结构的特色所在。无专业特色，也就不能称其为科技人才。所谓精深，是指大学生掌握自己所要从事专业的知识和技术有一定的深度，有质和量的要求，对基本概念、理论体系、研究方法、学科历史和现状、国内外最新信息等都要了解和把握。同时，对其专业邻近领域的知识也要有所了解和熟悉，善于将其所学的领域与其他相关知识领域紧密联系起来。

③有一定的其他知识技能。现代各类职业都要求从业者的知识“程度高、内容新、实用强”。“程度高”指知识量大、面宽；“内容新”指从业者的知识结构中应以反映当今科学技术发展状况的新知识、新信息为主；“实用强”指从业者的知识在生产、工作中有很强的实用价值。反映上述要求的一个很明显的例子是，目前用人单位普遍要求毕业生能熟练地运用一门外语和具有计算机基本应用能力。

④大容量的新技术新知识的储备。大学生必须自觉地阅读现代科学书籍，掌握建筑相关专业国内外研究的新动向、新成果，了解世界科技动态，注意本专业的科学前沿状况，掌握专业知识的精湛性和先进性。

（3）身心素质的提高。身心素质主要指身体素质和心理素质，包括大学生应该有健康的体魄、良好的生活习惯、健康的心理状态（如承受挫折、失败的能力）、积极乐观的态度、健全的人格等。大学生应积极参加体育锻炼，使自己具有一个强健的体魄，当然也应该通过合理的方式来调整自己的心态，适应大学生活。

（4）职场基础素质的提高。现代社会人才竞争日益激烈，作为当代大学生，为让自己在今后的就业中有更好的优势，大学生们还应当了解社会需求，培养职场所需的能力素质。

①适应社会能力。一个人适应社会的能力是其素质、能力的综合反映。适应社会能力的强弱是与一个人的思想品德、知识技能、活动能力、创造能力、处理人际关系能力以及健康状况等密切相连的。一般来说，一个素质比较高、各方面能力比较强、身心健康的大学生走上社会后，能够很快适应环境，适应工作；即使是在比较困难的条件下和比较差的环境中，也能变不利因素为有利因素，通过自己的努力取得好的成绩。

②人际交往能力。人际交往能力实际上就是与他人相处的能力。大学生活使大学生的人际交往逐渐扩大，为最终步入社会奠定基础。能否正确、有效地处理好人际关系，不仅影响大学生对环境的适应状况，而且影响今后工作效能、心理健康、生活愉快和事业的成败。

③组织管理能力。大学生毕业后不论从事什么工作，都会不同程度地用到组织管理才能，这是现代社会对人才提出的新要求。作为受过高等教育的大学毕业生，不管他就职于怎样一个部门，从事怎样一项工作，都需要与别人进行合作、协调，这实际上就是组织管理能力的具体应用。

④表达能力。表达能力主要包括口头表达能力、书面表达能力，不仅在工作以后明显显示出其重要性，如工作汇报、年终总结、文件起草、研究报告、专业职务晋升答辩等都需要，而且在毕业生求职择业过程中也发挥着不可低估的作用，比如自荐信的撰写、个人材料的准备、回答招聘人员的问题、接受用人单位的面试等。可以这样说，在求职这一环节上，表达能力的强弱直接影响初次择业的成败。

⑤工程意识。工程意识是各类工程师应具备的重要素质之一。工程意识源于工程实践，大学生通过课堂学习、工程实习、课外科技活动、社会实践等环节接受工程意识的熏陶，把握并运用工程意识的思想和方法处理工程技术问题。这不仅使大学生在校期间能较好地完成课程设计和毕业设计等学习任务，而且有助于他们走上工作岗位后，在实践基础上进一步强化工程意识，更好地服务于社会。在择业的双向选择中，用人单位特别看重那些工程意识强的大学毕业生。

⑥开拓创新能力。大学生如果只能熟悉背诵前人的定理、定义，安于现状而不思开拓、创新、进取，那么他学的知识就会变得毫无意义。著名物理学家、诺贝尔奖获得者温柏格说过："不要安于书本上给你答案，要去尝试发现与书本上不同的东西，这种素质可能比智力更重要，往往是最好的学生和次好的学生的分水岭，"因此大学生在学习的过程中，应着意不断培养和强化自己的开拓创新能力。

⑦竞争能力。随着社会主义市场经济的进一步发展与完善，市场竞争更趋激烈，而市场竞争归根结底是人才的竞争。充满竞争的市场需要具有竞争力的人才。作为一个立志成为现代化人才的大学生，如果不懂竞争，不具备竞争能力，在竞争的激流中就有随时被淘汰的危险。

⑧决策能力。决策能力是在面临的多项选择中及时、果断做出最佳选择的一种能力。人的一生往往会遇到许多重大的选择，若优柔寡断则会坐失良机，若草率决断则会抓芝麻丢西瓜，这都会给整个人生带来莫大的影响。因此大学生在校学习期间，不要事事都请别人拿主意，要有意识地去培养自己的决策能力，从日常小事做起，这样日积月累，就会逐步形成决策能力。

五、建筑装饰人才培养方案

1. 人才培养模式概述

（1）人才培养模式的内涵。高等职业教育的职能是培养人才、发展科技、服务社会，其中人才培养是其根本任务。人才培养归根结底是人才培养模式问题，即“培养什么样的人”和“怎样培养人的问题”。因此，“人才培养模式”是指在一定的现代教育理论、教育思想指导下，按照特定的培养目标和人才规格，以相对稳定的教学内容和课程体系，管理制度和评估方式，实施人才教育的过程的总和。它具体可以包括四层涵义。

①培养目标和规格。

②为实现一定的培养目标和规格的整个教育过程。

③为实现这一过程的一整套管理和评估制度。

④与之相匹配的、科学的教学方式、方法和手段。

（2）高等职业教育人才培养特点。高等职业教育作为我国高等教育的新生力量，主要培养面向一线的高端技能型人才。在人才培养的过程中，以直接满足经济和社会发展需要为目标，以培养学生的社会职业能力为主要内容，以教学与生产实践相结合为主要途径和手段。更具体地说，高等职业教育人才培养包含以下主要特点。

①以培养适应生产、建设、管理、服务第一线需要的高端技术技能型人才为根本任务。

②以适应社会需要为目标、岗位要求为主线，设计学生的知识、能力、素质结构和培养方案，毕业生具有基础理论知识适度、职业能力强、知识面较宽、素质高等特点。

③以培养学生的职业能力为核心构建课程和教学内容体系；基础理论教学以“必需”、“够用”为度，专业课加强针对性、实用性，实践教学在教学计划中占有较大比重。

④以学生“双证书”为培养目标，以“双师型”师资队伍建设为关键。

⑤以校企合作、工学结合为人才培养的基本途径。

2. **建筑装饰工程技术人才培养目标**

（1）建筑装饰工程技术人才培养目标。本专业培养拥护党的基本路线、具有本专业的必备基础理论知识和专门知识、具备较强的从事建筑装饰工程施工现场管理、装饰工程施工图绘制、装饰工程现场资料整理和归档、装饰工程质量控制与验收、装饰工程概预算的编制等实际工作能力，适应生产建设（管理、服务）第一线需要的德、智、体等方面全面发展的技术技能型人才。

毕业生主要面向装饰工程施工企业、监理企业，从事装饰施工管理、装饰施工质量检测、装饰工程概预算、施工资料整理归档等工作。

毕业生就业初期可直接担任建筑装饰施工企业施工员、资料员、质检员、造价员等岗位，从业3~5年后可担任装饰施工企业项目技术负责人、装饰施工企业生产经理、装饰企业造价主管等岗位，10年以后可胜任装饰施工企业项目经理、装饰施工企业技术总工程师、建设单位项目总监等岗位。

（2）建筑装饰工程技术综合职业能力要求。

①方法能力要求。

a.具有通过网络、文献等不同途径获取信息并进行信息处理的能力。

b.具有独立学习获取新知识和新技能的能力。

c.具有运用已获得知识、技能和经验独立分析和解决问题的能力。

d.具有一定的数字应用能力。

e.具有一定的自我控制、管理及评价能力。

②社会能力要求。

a.具有良好的道德操守，遵纪守法，社会责任感强。

b.具有良好的职业道德，爱岗敬业、踏实肯干、勇于创新。

c.具有健全的心理素质和健康的体魄，有较强的社会适应性。

d.具有劳动组织和执行任务的能力。

e.具有一定的语言文字表达能力。

f.具有团队合作、沟通协调、人际交往能力。

③专业能力要求。

a.具有建筑装饰施工图识读、装饰工程构造设计、装饰施工现场管理、装饰工程计算机绘图等基本知识和技能。

b.具有指导并控制施工工序质量、对工程进行质量验收的能力。

c.具有编制具体装饰工程项目施工方案和施工组织设计的能力。

d.具有对装饰工程进行资料整理、归类、存档的能力。

e.具有绘制装饰工程施工图的能力。

f.具有编制具体装饰工程项目预决算的能力。

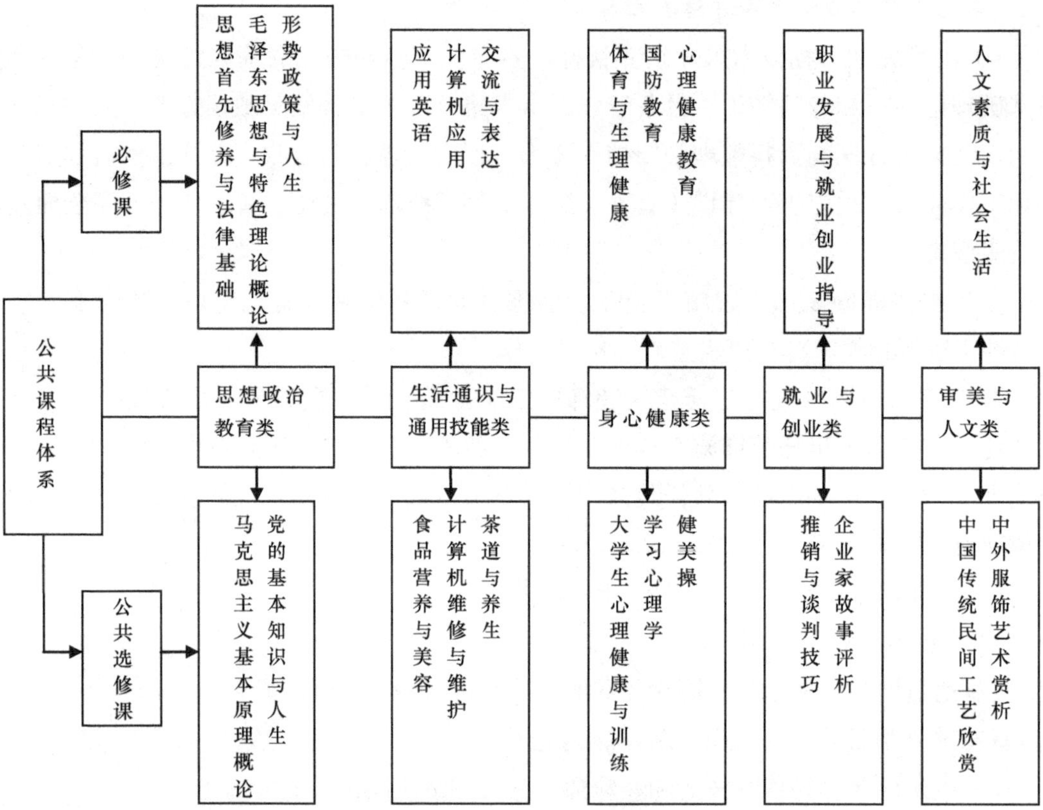

图3-1　公共课程体系示意图

3. **建筑装饰工程技术专业课程体系**

（1）专业课程体系设计。建筑装饰工程技术专业课程体系设计的指导思想：以培养学生综合职业能力为目标，按照“基于社会生活过程”的公共课程开发理念和“基于工作过程”的专业课程开发理念，以系统论方法为指导，构建本专业“文化素质养成与专业教育有机融合”的课程体系。

①公共课程体系。贯彻社会主义核心价值体系教育要求，按照“基于社会生活过程”的公共课程开发理念，围绕学生未来积极参与现代社会生活所必需的知识、能力与素质要求，将典型社会生活情境（问题、情景、事件、活动、矛盾）转化为学习情境，设计由思想政治教育类、生活通识与通用技能类、身心健康类、审美与人文类、就业与创业类模块等构成的系统化公共课程，通过必修课与选修课两种修读方式交叉实施。必修课主要包括 “入学教育”、“国防教育”、“毕业教育与入职准备”等15门课程。公共课程体系如图3-1所示。

②专业课程体系。为培养学生过硬的专业能力，满足学生个人专业兴趣发展需要和实现专业不同方向人才分流培养，按照“基于工作过程”的专业课程开发理念，通过专业调研及召开实践专家访谈会，分析提炼出了本专业典型工作任务，遵循学生认知与职业成长规律，构建专业课程体系。

本专业典型工作任务与学习领域（课程）见表3-1。

表3-1　典型工作任务与学习领域（课程）一览表

序号	典型工作任务	核心课程名称/学习领域	支撑核心课程的实训项目
1	建筑装饰工程施工方案制订与实施	建筑装饰工程施工工艺	建筑装饰工程 施工技术实习
2	建筑装饰工程施工质量检查与验收	装饰工程质量验收	分项工程检查验收
3	建筑装饰工程施工进度规划	建筑装饰工程施工组织与管理	装饰工程进度计划编制
4	建筑装饰工程施工资料整理、归档	建筑装饰工程资料管理	装饰工程项目 管理软件应用
5	建筑装饰工程概预算的编制	建筑装饰工程预算	建筑装饰工程预算实训
6	建筑装饰施工图、效果图绘制	建筑空间设计	建筑装饰施工图绘制

（2）建筑装饰工程技术专业核心岗位能力要求。建筑装饰工程技术根据毕业生未来的工作岗位群进行课程体系的设置，具体岗位要求见表3-2。

表3-2　建筑装饰工程技术核心工作岗位描述及能力要求

序号	核心工作岗位	岗位描述	职业能力要求与素质
1	装饰施工 与管理	负责组织、实施建筑装饰施工；对现场施工进行检测、复核工程量、协助项目经理做好建筑装饰施工企业经营管理，能够正确选择施工方案，编制建筑装饰工程施工组织设计；与相关人员进行业务沟通和技术交流	1．负责组织现场装饰施工的能力 2．建筑施工测量的能力 3．建筑装饰材料检验、选用及保管能力 4．编制和实施建筑装饰工程施工组织设计的能力 5．参与图纸会审及技术交底的能力 6．建筑装饰工程施工质量分析和预防、处理工程质量事故的能力
2	建筑装饰设计	运用建筑形态的构成规律和表现方法，通过对建筑构成材料、形态、空间造型诸元素的把握，在建筑装饰造型设计上的抽象思维和创造，完成建筑装饰室内外设计表达	1．绘制和识读施工图的能力 2．设计表达能力 3．建筑装饰材料选用能力 4．计算机软件应用能力
3	装饰造价管理	负责对建筑装饰投资估算、施工预算、竣工决算的工程项目进行工程量核算、成本价值评价；负责建设施工投标报价和经济核算工作，正确计算工程量和材料用量，准确使用国家和地区建筑装饰工程预算定额	1．编制建筑装饰工程预算、结算的能力 2．进行建筑装饰工程工料分析的能力 3．掌握建筑装饰工程招投标程序方法

续表

序号	核心工作岗位	岗位描述	职业能力要求与素质
4	装饰工程监理	负责对建筑装饰施工过程进行科学管理、有效控制施工质量、进度和投资；负责建筑装饰施工独立的服务和监理工作	1．建筑装饰工程施工质量的检验与评定能力 2．建筑装饰材料检验、选用能力 3．编制建筑装饰工程施工安全技术措施与监督的能力 4．建筑装饰工程施工进度控制的能力

（3）建筑装饰工程技术部分专业课简介。

①建筑装饰制图与识图。

a．知识目标。能运用建筑制图相关知识及透视知识正确地阅读建筑工程图纸，理解透视图的空间体系。

b．职业能力目标。掌握建筑工程制图国家标准的基本规定，正确地使用绘图工具，绘制和阅读建筑工程图样，并具有一定的绘图速度，根据建筑平面快速绘制透视主结构。

c．社会能力和方法能力目标。在制图课程的教学过程中，全面培养学生认真负责、一丝不苟的工作作风和力求符合国家标准的工作态度以及针对建筑工程图纸与项目各部门人员的专业沟通能力。

②建筑装饰设计基础。

a．知识目标。了解建筑与装饰工程设计的概念、原理和内容，掌握建筑与装饰工程设计的程序与设计方法，理解建筑与装饰工程设计的原理、法规、图纸设计深度，熟悉建筑与装饰设计方案图纸的绘制方法。

b．专业能力目标。关键能力：建筑与装饰工程投标文件及相关图纸设计技能。专项能力：建筑与装饰工程招标文件的信息提取能力，建筑与装饰工程设计的前期准备及设计规范与法规的掌握运用能力，建筑与装饰工程设计原理的运用能力，建筑与装饰工程设计图纸的绘制表达及与工程相关专业的沟通与协调能力，建筑与装饰工程设计标编制的综合能力。

c．方法能力和社会能力目标。严谨的工作作风、实事求是的工作态度，吃苦耐劳的工作精神，培养学生科学的思维方式，培养学生独立分析问题、解决问题的能力，培养学生与人沟通与人协作的能力。

③建筑装饰施工工艺。

a．知识目标。了解建筑装饰施工的作用、特点、施工范围和墙面和柱面的装饰工程的施工工艺，掌握墙面贴砖和裱糊装饰的施工方法；了解顶棚装饰工程的施工工艺，掌握轻钢龙骨、铝合金龙骨石膏板吊顶装饰的施工方法；了解楼地面的施工工艺 ，掌握楼地面铺设地砖、复合强化地板铺设的施工方法；了解隔墙与隔断装饰工程的施工工艺，掌握轻钢龙骨隔断装饰的施工方法；掌握门窗装饰工程的施工工艺，掌握铝合金门窗、塑钢窗、铝塑窗的安装施工方法。

b. 专业能力目标。装饰施工的各种工具使用的能力，墙面和柱面的装饰工程的施工工作能力，顶棚装饰工程的施工工作能力，楼地面的施工工作能力，隔墙与隔断装饰工程的施工工作能力，门窗装饰工程的施工工作能力。

c. 社会能力和方法能力目标。严谨的工作作风、实事求是的工作态度；培养学生科学的思维方式；培养学生分析问题、解决问题的能力；锻炼与人合作、交往、表达的能力，增强团队合作意识；培养组织、领导能力。

④建筑装饰材料选用。

a. 知识目标。通过本课程的学习，使学生掌握建筑装饰材料选购与识别的方法，及材料的特点、性能和应用，并具备一定的理论联系实际。

b. 专业能力目标。正确选用建筑装饰材料和鉴别真伪等能力，正确选购建筑装饰材料的能力，挑选选购地点的能力，熟知常用建筑装饰材料价位的能力。

c. 方法能力和社会能力目标。培养学生分析问题、解决问题的能力，培养学生科学的思维方式，严谨的工作作风、实事求是的工作态度， 团队合作和承受挫折的能力，具有拓展知识、接受终生教育的基本能力。

⑤建筑装饰构造设计。

a. 知识目标。掌握一般民用建筑装饰构造的基本原理和方法；具有建筑装饰构造设计的综合应用能力；学会查阅各种相关的规范、图集和资料；进一步训练空间构想能力，提高绘制建筑装饰施工图，掌握装饰施工工艺的基本知识。

b. 专业能力目标。掌握建筑工程房屋构造与工艺的识别能力，掌握建筑装饰工程构造与工艺的识别能力，正确地使用建筑与装饰构造能力，绘制建筑与装饰详图的能力；正确掌握装饰施工工艺能力，为后续课程服务。

c. 方法能力和社会能力目标。在建筑装饰构造与工艺课程的教学过程中，全面培养学生认真负责、一丝不苟的工作作风和力求符合国家标准的工作态度以及针对建筑工程图纸与项目各部门人员的专业沟通能力。

⑥计算机辅助设计。

a. 知识目标：AutoCAD2008的基础知识与基本操作，绘制二维图形及注写文本，二维图形的编辑方法，图形显示控制与辅助绘图，图层、线型和颜色，块、属性和外部参照的应用，尺寸与形位公差标注，三维绘图的实体造型，图形图像的输入、输出。

b. 专业能力目标。掌握平面绘图的几何知识，基本平面图形的绘制，平面图形的基本编辑方法，精确绘图；掌握图层的管理，尺寸标注，图案填充；掌握AutoCAD2008的输出与打印，等轴测绘图，三维绘图的基础知识。

c. 方法能力和社会能力目标。培养学生分析问题、解决问题的能力， 培养学生科学的思维方式，严谨的工作作风、实事求是的工作态度，团队合作和承受挫折的能力，具有拓展知识、接受终生教育的基本能力。

⑦建筑装饰施工组织与管理。

a. 知识目标：了解建筑装饰工程施工组织设计的概念、作用、分类和内容，掌握建筑装饰工程的施工程序与施工准备，理解流水施工原理流水施工的基本概念、主要参数、施工组织，熟悉网络计划基本知识。

b. 专业能力目标：流水施工及网络计划基本编制技能，施工准备工作能力，施工组织设计能力，单位工程组织设计能力，建筑装饰施工组织能力，建筑装饰工程技术标书的编写能力。

c. 社会能力和方法能力目标。严谨的工作作风、实事求是的工作态度；培养学生科学的思维方式；培养学生分析问题、解决问题的能力；严谨的工作作风、实事求是的工作态度；团队合作的能力。

⑧装饰工程质量验收。

a. 知识目标。熟悉掌握施工管理的任务和内容（实施、检查、调整调度）；熟悉掌握生产要素管理（劳动管理、材料管理、机具管理）；掌握建筑装饰施工的工程质量管理；能够运用所学的知识，管理一个中小型的装饰装修项目工程。

b. 专业能力目标。施工管理的任务、内容，所遵循的原则，理解应用能力；生产要素的管理能力，即劳动管理、材料管理、机具管理的工作能力；建筑装饰施工的工程质量工作能力；模拟中小型装饰装修项目进行施工管理的工作能力。

c. 社会能力和方法能力目标。严谨的工作作风、实事求是的工作态度；培养学生科学的思维方式；培养学生分析问题、解决问题的能力；锻炼与人合作、交往、表达的能力，增强团队合作意识；培养组织、领导能力。

⑨建筑装饰工程水暖电。

a. 知识目标。暖通部分了解建筑给水排水及消防给水的基本原理，理解采暖通风和空调在建筑中的作用，掌握建筑给水、排水技术在实际中的应用。

b. 专业能力目标。具有水暖工操作基本能力。

c. 方法能力和社会能力目标。培养学生独立自主的创新意识，养成科学严谨的学习习惯，为专业设计和学生未来的可持续发展奠定良好的专业基础。

⑩建筑法规与合同管理。

a. 知识目标。使学生了解基本的法律知识，初步掌握在建筑领域国家行政机关管理监督所依据的法规、规章。学生应掌握下列知识：《中华人民共和国建筑法》适用范围与调整对象及工程项目程序，建筑项目许可法规制度，建筑工程发包与承包法规制度，建筑工程招标投标法规，建筑工程合同法规，建设工程监理法规，建筑安全生产管理法规，建筑工程质量管理法规，建筑装饰装修法规，建筑法律责任。

b. 专业能力目标。使学生基本掌握建筑领域基本法律规范，并能够熟练应用于建筑工程之中。

c．方法能力和社会能力目标。使学生提高法律素质，使之能知法、懂法、守法，能够依法办事，依法执业，依法管理。

⑪计算机效果图表现。

a．知识目标。本课程是学习电脑效果图表现，进行设计制作的课程。通过该课程的学习，使学生能对Photoshop、3D MAX等常用设计软件进行综合操作。

b．专业能力目标。学生通过学习，能对计算机辅助设计软件本身有一定认识；使学生从应用角度出发，通过对二维及三维电脑造型艺术的学习，了解电脑图形设计软件的功能，掌握以上图形图像软件的高级操作和技巧，培养学生的空间思维能力、造型能力、创意能力和制作技能。

c．方法能力和社会能力目标。通过电脑效果图课程的学习，培养和提高新时代设计人才的素质、创造性思维能力和艺术表现力，以适应现代设计的需要；训练学生诸多工具和每一项技巧，并尽可能地发掘出电脑设计软件的强大功能，从而使学生快速提升制作能力。

4．建筑装饰工程技术专业教学特点

（1）提升专业服务产业能力。

①依托南通市建筑装饰装修协会的产业优势，共同开发并逐年深化建筑装饰工程技术专业人才培养方案，以行业需求指导专业建设，推动职业教育教学改革。

②将以中央财政支持项目为平台与南通市建筑装饰装修协会共建教学资源库，优化工学结合教学资源，提升职业技能培养能力。

③广泛开展与装饰公司共建校外实训基地，并以此为平台，进行学生的顶岗实习。校企共建全真型校内教学工作室、装饰构造陈列室、家具体验馆等，完善校内实训基地建设。以此双管并行，提高学生职业技术能力，成为受企业欢迎的建筑装饰工程技术专业合格和优秀人才。

④通过以企业专家为主的指导学生参与实际工程项目的施工、设计、管理等顶岗实习，主持毕业生毕业设计的指导、毕业答辩，企业专家特聘为客座教授，开展校内专业讲座，加强与企业的技术交流与合作联系，动态跟踪行业发展方向。

⑤积极参与由住建部高职高专土建类教学指导委员会举办的职业技能大赛，由企业专家与专业教师共同指导、学生参与的CAD大赛。学生在企业顶岗实习期间参与的实际工程项目所做出的成果参与全国毕业设计大赛，获金银铜奖十余项。专业教师以企业实践结合教学内容，基于工学结合教学体系的说课内容，参与全国土建类教师说课大赛，获银奖、铜奖，全面提升专业教学质量。

⑥通过与南通四建装饰工程有限公司、南通锦华装饰工程有限公司等建立教师顶岗、学生实习基地，通过技术服务项目，深度探索工学交替教学模式，不断提升专业教师的技术实践水平，锻炼队伍，提升建筑装饰工程技术专业的综合实力。

（2）深化专业师资内涵建设。

①选送专业教师参与教育部国际合作交流司、中国教育国际交流协会组织的赴香港职业教育考察学习，拓展教师专业视野，丰富职业教育内涵。

②逐年选送专业教师参加国家级骨干教师培训，深入企业一线，与同行业教师、企业专家交流，提高业务核心能力。

③参加并承担历年省级骨干教师培训的教学活动，在培训中邀请企业专家参与。目前，已经走出一批富有教学经验的专业骨干教师。

（3）推进职业技能培训鉴定。

①应该要求建筑装饰专业骨干教师通过建筑装饰设计师资格考试，逐步取得职业资格认证，达到教育部、住建部建设“双师”队伍的要求，提升教师职业化教学素质。

②通过与地方建设教育协会合作，每年定期举行对学生进行室内设计员、装饰施工员、装饰造价员、装饰装修工等职业资格的专业培训和鉴定，以达到教育部、人力资源和社会保障部和专业人才培养方案“双证书”要求，提高学生就业素质。

（4）提升产学研社会服务能力。

①在校企合作产学研建设方面，开发基于工作过程的课程体系，完成建筑装饰工程技术专业教学标准，优化专业教学服务能力升级。

②积极开展校企合作课题攻关，为企业提供相应的技术服务，通过课题项目研究，提升教师专业研究能力，推动师资队伍优化升级。

5. **建筑装饰工程技术专业实践教学**

（1）实践教学的目的。实践教学是建筑装饰工程技术专业必不可少的一个环节，也是理论联系实际的宝贵时机。学生通过观察装饰施工现场、学习施工组织、了解施工程序、观摩施工过程，向工人和工程技术人员请教，可以学到课堂上学不到的知识和技能。

通过实践性教学，可以提高学生的实际动手能力，提高学生的分析问题与解决问题的能力，进一步培养学生科学研究能力及严谨的科学态度，为今后更好地服务社会打下坚实的基础。所以在实践性教学的环节中，要求学生能从思想上予以重视，积极主动地参与实践教学，充分发挥其积极性与创造性。

（2）实践教学体系。建筑装饰工程技术专业实践性教学体系由课程基本技能训练、专业技能训练、专业综合技能训练等环节组成。本实训体系是根据专业培养计划的总体要求来确定的。

①基本技能训练。基本技能训练主要包括装饰制图大作业；建筑装饰材料试验、测量实践、CAD制图技能训练等。

②专业技能训练。专业技能训练主要包括装饰构造设计、建筑空间设计、装饰概预算编制、装饰施工方案编制等。

③专业综合技能训练。专业综合技能训练主要包括认识实训、顶岗实习和毕业设计等环节。

（3）基本技能训练。

①基本技能训练的目的。通过课程基本技能的实训，使学生能加深对课堂教学内容的理解，更好地完成教学大纲所规定的教学任务。

②基本技能训练主要包括装饰制图大作业，建筑装饰材料试验、测量实践、CAD制图技能训练等。

a.装饰制图大作业。了解、掌握画法几何的基本理论；熟练阅读建筑施工图，掌握较扎实的绘图技能（包括计算机绘图）。

b.测量实践。掌握课程理论，了解水准仪和光学经纬仪的构造及使用方法，通过实践，培养学生分析和解决生产实际问题的能力。实习内容有细部控制测量、经纬仪测图、建筑物放样、内业数据整理。

c.建筑装饰材料试验。了解装饰材料的基本性质。熟悉装饰材料试验的常用仪器，能对试验结果进行准确的分析并提交分析报告。

③课程基本技能训练的组织。由任课教师编制实训大纲及计划书，其实训方式可采用现场观摩、实际操作等方式来进行。

④课程基本技能训练的考核。课程基本技能训练的内容和效果可通过现场实际操作情况、提交的实验报告或设计图纸等综合打分，并按一定比例记入期末该课程的考核成绩。

（4）专业技能训练。

①专业技能训练主要包括装饰构造设计、建筑空间设计、装饰概预算编制、装饰施工方案编制等。

a.装饰构造设计。加强对装饰构造的理解，绘制常见的楼地面、墙面、顶棚、外立面、楼梯等装饰构造图。

b.建筑空间设计的内容。加强对民用建筑设计的原理的理解及应用，独立完成一般住宅项目装饰工程方案设计，绘制平面布置图、室内平面图、立面图、顶棚平面图等。

c.装饰概预算编制。其主要内容有工程量的计算；利用定额计算各项费用，如人工费、材料费、机械台班使用费、综合费劳动保险费、风险费、规费、利润、税金等；进行工、料、机分析，编制工、料、机用量汇总表；编制工程造价汇总表并计算单位造价。

d.装饰施工方案编制。加强对装饰施工方案的理解，编制某一具体装饰项目的施工方案、施工进度计划等。

②专业技能训练的组织与管理。专业技能训练由专业教研室统一组织，在专业教师的指导下实施，各实训过程均配备专业指导，教师进行日常管理和专业指导。

③专业技能训练的考核。考核内容分日常考核和训练成绩考核两部分，以全面衡量学生的专业训练能力。

a.日常考核。实训期间，学生必须遵照学校正常作息时间到指定地点进行实训；学生必须按实训计划分阶段保质保量地完成实训任务；考察其协作能力和互助能力。

b.训练成绩考核。训练成绩的考核工作由教研室安排教师负责进行。根据学生的实训成果，分优秀、良好、及格和不及格四等，单独计入学生的学习成绩。

（5）专业综合技能训练。

①认识实习。

a.参观实习。为使理论与实际更好地结合，由系教师带领学生到装饰工程项目现场、装饰公司、监理单位或设计单位等参观，学习新的装饰建筑设计、装饰管理理念，提高学生的感性认识，为学生毕业后能尽快适应工作需要打下基础。

b.社会实践。为了提高学生的实际动手能力，我系利用暑假时间组织学生到施工企业进行社会实践，为企业提供技术服务，进一步巩固所学的专业知识。

②顶岗实习。

a.实习目的。顶岗实习是整个实践教学的重要组成部分之一，在学生掌握一定专业理论知识的基础上，组织学生进行的实践活动。其目的是为了加强学生的感性认识，进一步加强理论与实际的相结合，进一步巩固和掌握所学的专业理论知识，为毕业后更好地工作和学习打下扎实的基础。

b.顶岗实习的内容与要求。要求学生在实习过程中，能阅读施工图和业内资料；了解和掌握施工的全过程；了解施工组织设计的编制过程和内容；了解施工方案和施工措施；了解施工新材料、新工艺、新方法；了解安全生产质量管理措施并参与各工种的施工，完成施工实习日记和施工实习报告。

c.顶岗实习的组织。实习由专业教研室组织和管理，实习单位的落实由系统一安排和学生自己解决相结合；由实习单位安排具有一定资质的人员担任现场指导，并由系指派专业实习指导教师进行具体检查、指导和协调工作。

d.顶岗实习的考核。实习考核由以下几部分组成：实习日记、实习报告、实习过程的表现。要求学生每日记载实习情况，包括实习内容、实习体会等，实习结束后应按实习大纲的要求做实习总结。根据在实习期间的表现及实际业绩，由实习单位的指导教师作出鉴定，并由主管部门签章。学校的专业指导教师组成实习考核小组，根据上述资料给出学生的毕业实习成绩，成绩分为优秀、良好、及格、不及格四等，单独记入学习成绩。

③毕业设计。

a.毕业设计的目的。毕业设计是实践性教学的重要环节，通过毕业设计，可以培养学生综合分析的能力及实际应用能力，培养学生理论联系实际、踏实、认真、严谨的科学作风，以及土木工程技术人员必备的建筑结构、建筑施工的全局观点和经济观点，使学生能综合运用所学的基础理论知识和专业知识分析、解决工程建设项目设计过程中的实际问题。

b.毕业设计的要求和主要内容。毕业设计分两阶段进行：第一阶段为建筑设计，时间3周；第二阶段为结构设计，时间为6周；最后1周让学生总结并准备毕业答辩。

c.毕业设计的组织与管理。毕业设计由专业教研室组织和管理，并指派专业指导教师进行辅导。毕业设计题目由专业教研室统一拟定（专业指导教师可提出具体意见及建议）。

d.毕业设计的考核。其分日常考核和设计成果考核。

毕业设计期间要求学生遵照学校正常作息时间到指定地点进行毕业设计；必须严格遵照时间安排分阶段保质保量地完成设计。应按毕业设计任务书中的规定完成设计工作量，所绘制的工程图纸应符合制图标准及相应的规范要求；应有完整的设计说明及完整的计算书；考核由专业主任和专业指导教师根据设计期间学生的实际应用能力、设计成果和答辩情况综合评定，成绩分优秀、良好、及格、不及格四等。

（6）技能训练的基本保障。

①建立实验实训所需的基本实训室。基本实训室主要包括绘图室、CAD绘图实训室、装饰材料实训室、装饰构造实训室、装饰施工实训室等。

②建立校外实训基地。通过建立一系列校外实训基地，建立学校与装饰企业的联系，帮助学生更好地了解（图3-2～图3-5）。

图3-2　学生在企业听讲座

图3-3　学生在现场参观

图3-4　学生听取教师介绍项目

图3-5　学生参加设计交流会

思考题

1．何为土木工程，土木工程有何特点？
2．列举土木工程发展阶段中的典型工程。
3．简述高等职业教育的内涵。
4．分析通识教育与专业教育的区别和联系。
5．简述我院建筑装饰工程技术专业发展历程。
6．论述建筑装饰工程技术专业人才培养目标与就业岗位人才素质要求。
7．高职教育人才培养模式有何特点？
8．论述建筑装饰工程技术人才培养方案。

专题四　职业规划

学 习 目 标

通过本专题的学习，学生应了解大学专业学习的主要方法；了解学业规划的方法；了解职业规划的步骤；熟悉自己未来职业环境和职业方向；熟悉建筑装饰行业主要的创业方向及策略选择。

学 习 任 务

通过对装饰行业的调查和对自己的深入剖析，完成一份完整的职业规划报告书。

一、专业学业规划

对于刚入校的大学生，需要明确未来的职业方向，熟悉职业需要的基本技能，在入学阶段首先好规划好自己的学业规划。专业学习不同于中学的基础课程学习，除了掌握书本知识外，还需要通过一定的实验、实训活动来培养学生的专业技能。

1. 专业学习的原理与方法

（1）专业学习概述。对于专业技能的培养首选学习。一般而言，学习是透过教授或体验而获得知识、技术、态度或价值的过程，从而导致可量度的稳定的行为变化，更准确一点来说是建立新的精神结构或审视过去的精神结构。学习可以通过课堂教授，在专业学习过程阶段更应通过社会实践和实验实训活动来获得技能。

（2）学习的属性。学习由学习的主体(人)和学习的客体(学习对象)两个方面组成；学习主体是在一定环境中进行学习的；学习是主体、客体和环境相互作用的结果；学习主体通过学习必定会产生某些变化，而这些变化在时间上是相对持久的。

（3）大学学习的特点。大学阶段学习是在基础教育的基础上，以专业教育为主的一种教育，大学阶段学习是学校学习的一个阶段性总结，也就是学生接受十几年教育的总体状况如何，要通过大学阶段的学习得到检验，通过走向社会得到考验。由于大学阶段是以专业为基础的教育方式，大学阶段学习与基础教育阶段学习存在着相当大的差别。大学学习一般有以下特点。

①专业性。大学学习是建立在基础教育基础上的专业性学习，培养的是各个专业或学科领域的高级专门人才。它的学习性质决定了其学习过程必然具有显著的专业性。

所谓专业性就是指其学习过程是以学习专业理论知识和基本技能方法为主要任务，学习过程的全部活动，包括学习计划和学习大纲的制订，课程设置和学时安排，学习组织形式、方法与手段的选择和运用等，都紧紧围绕着具体专业要求而进行。

②阶段性。根据其教学计划所构建的课程体系，大学学习过程一般可分为四个阶段。

a.基础知识学习阶段（一般自第一学期到第二学期）。

b.专业基础知识学习阶段（一般在第二、第三学期）。

c.专业知识学习阶段（大致在第四、第五学期）。

d.毕业设计（论文）阶段（第六学期）。

③创造性。大学学习过程的创造性特点，首先是由大学的教育目标所决定的。特别在当今时代，要求大学培养创新人才。创新人才不同于一般意义的人才，而是掌握现代最先进的文化科学技术，能够创造性地运用所学知识和技能，为发展生产，发展科学技术，做出创造性贡献的专门人才。

所以，大学学习过程必须把培养学生的创造能力放在重要地位，要求大学生不仅要继承前人积累的专业理论知识，还要进一步从事探索，发展创造能力，获得科学技术创造方法。

④开放性。所谓开放性就是不拘于传统的、固定的或单一封闭的模式。首先是教学过程面向实践、面向经济建设，社会参与教学过程，实行产、学、研三结合共同培养人才。其次，在学校内部教学过程冲破了学科、课堂和书本的局限，呈现高度的灵活性、多样性。

⑤自主性。所谓自主性是指在教学过程中教与学的关系上，学生具有更大的能动作用。

a.大学教学目的之一就是通过各种教学形式及方法，为大学生顺利过渡到从事社会实际工作和科学研究工作做准备。因此，在教学过程的每个阶段都有目的地训练和培养学生的独立学习能力和独立工作能力。

b.由于大学教学过程的创造性和开放性特点，使学生在学习中自己思考的问题深了，自己支配的时间多了，学习渠道广了，学习内容的选择性大了。大学生要适应这些变化并能在学习中充分发挥自己的才智和个性特长，安排自己的学习计划，把握学习的主动权，发挥学习的自主性。

c.大学生正处于个性形成和各种心理品质逐步成熟时期、自信心和自我调控能力有了较高的发展水平，已初步形成了具有独立个性的学习风格，在学习过程中乐于独立自主地对待和处理问题。

（4）学习的作用。

①学习是促进学生自身全面发展的动力。

②学习是学生形成个性特征的基础。

③学习是学生继承人类精神文明精华的捷径。

④学习是学生具备创新精神和创新能力的基石。

（5）大学生学习过程的基本阶段。

①形成动机阶段。学习动机是与学习活动相联系的一种特殊形式的动机，是直接推动学生进行自主学习的一种内部动力，是激励和指引学生进行主导学习的一种需要。

②组织信息阶段。组织信息对于学习者的学习来说是至关重要的，它制约着学习者的学习方式。

a.善于把新信息和旧知识联系起来，既可为新信息提供参考，又便于对新信息的理解。

b.善于将新信息用直观的和文字概括的方式表达出来，并将感性认识提高到理性认识。

c.善于将认识的结果用模型进行特征描述，以综合集中知识片段。

③学习应用阶段，或者叫学以致用阶段。在这个阶段中，学生将所学习的知识和技能运用到实践中，体现实用性。

a.通过参与和所学知识的相互作用，进入角色（如概括所学内容，用所学知识做作业、做实验）。

b.通过经历所学内容的各个部分进一步深入学习，如参加实验、进行设计、实际操作。

c.看到自己应用后的成果，并进行讨论、总结。

④重复巩固阶段。在初步应用后，必须对基本的学习内容进行重复、强化学习，才能达到巩固的目的。

⑤迁移综合阶段。学习过程最终目标是将所学知识灵活地运用到不同的、所需的问题上，即对所学知识的迁移综合运用。

a.用自己的理解归纳出重要的概念、原理和方法。

b.将这些自己归纳的概念、原理和方法迁移到本学习范围以外的领域中加以应用，能够做到触类旁通。

c.把已学习和再应用后的概念、原理和方法综合到一个新的体系中，进行新一轮的学习和应用。

（6）学习方法。学会学习，意味着接受过教育的人将会知道从哪里能够很快地和很准确地找到他所不知道的东西。学会学习，体现为掌握科学的学习方法。

①学会阅读。美国教育家鲁宾逊提出SQ3R（Survey,Question,Read,Recite,Review）阅读法，主要内容如下。

a.综览（Survey）：在详读文章之前，先概览文章一番：留意文章内的标题及结构，以控制阅读的目的、方向和注意力。细阅文章的引言、总结及参考，但不要阅读文章的内容，试试能否从所得的资料略知文章的主题。目标为掌握文章主题的3～6个要点。

b.发问（Question）：主要利用每个章节的标题来对要研习的题目自行拟定问题。

c.阅读（Read）：指专心注意于找出发问问题的答案。阅读者需要逐一章节细阅，而不是一次过细阅整个篇章。阅读时应用主动阅读技巧，尝试在内文中找寻先前拟定问题的答案。

d.“背诵”（Recite）：能够在阅读时利用各种阅读技巧以帮助记忆，如做重点画线、口头复诵或笔记摘要。

e.复习（Review）：回忆所记忆的重点。

“SQ3R”方法的目的在于让学生在课堂之后，可以有一个比较有系统的温习方法，从而提高学习能力。对于需要实习或应用的主题，有时亦可加入实践活动。

②学会积累、整理、分析资料。

a.积累资料。在成才之道中，善于积累是重要的一条。纵观古今中外发展史，大凡在事业上有所建树者，无一不是重视资料积累。

b.资料的整理和分析。乱纱织不出布，积累资料的目的是为了利用和创新。因此，当资料积累到一定数量时，就需要进行整理、分析。这样做，一可增大知识存量——记得多；二可延长时间——记得牢；三可便于知识的提取——容易找。

③学会利用图书馆。图书馆是收藏图书资料，供人们阅览、学习的地方。图书资料记载着从古至今人类历史的发展和演变，记载着人类征服自然、改造自然的手段、进程和成果，是人类宝贵的精神财富。人们借助于图书资料，总结、继承前人在实践斗争中积累的丰富知识和经验，引导自己继续探索新的世界。

大学生在大学期间能充分利用图书馆掌握知识，那么将来他走向工作岗位时，也一定能得心应手；反之，如果不了解图书情报的基本知识，不能高速度地、准确地获得科学情报，将来走向工作岗位后，就会走弯路，造成大量的重复劳动。

④读书与听课的基本要求。大学的教学不同于中学，教学速度比较快，因此要求大学生要有目的地读书和听课，做一个有心之人。有了目的也就有了方向，沿着方向去努力，才能达到预想的效果。学习过程中注重课程的预习和复习，不断地总结。在课堂上听课要学会做笔记，积极听，主动记，重点记，选择记，抓关键词。

2. 建筑装饰工程技术专业学习

（1）建筑装饰工程技术专业学习方法。作为建筑装饰工程技术专业的学生，在校期间，除了掌握一般的学习方法外，还应该结合专业的特点。根据专业特点，认真学好基础课程，包括公共基础课和专业基础课；注重知识的融会贯通；通过课程设计和毕业设计强化实践技能的培训；通过认识实习、课程实习和顶岗实习，将知识贯穿在实践中。

（2）建筑装饰工程技术专业学习途径。

①定目标。不要认为上了大学，就“船到码头车到站”而混日子，不要抱定“60分万

岁”，要有紧迫感、上进心、大志向，将上大学作为一个新起点，并尽快构建适合自己的新的总目标，并将其进行科学合理的拆分，形成各个阶段（一个学期、一个月、一个星期）的目标，并定期加以检查、评估、调整、校准，只有这样，才能督促自己沿着既定的目标、克服各种困难、坚定不移地走下去，最终实现总目标。

②措施。有了阶段目标后，就应围绕其制订详细的、操作性强的具体措施，然后，自己时常进行督促、检查反省，看看哪些措施是否大而无当、难以操作到位？哪些措施是否过于宽大无边、不起作用？通过一段时间的磨合，逐步形成适于自己习性的、服务于总体目标的、有利于铸就良好学习生活习惯的措施。

③行动。阶段目标明确了，具体落实措施也有了，关键在于行动。行动是万事成功之源，“坐谈立议、弱于动手”是读书人的通病。行动切忌拖沓磨蹭、得过且过；行动切忌自暴自弃，或一曝十寒，或自己给自己找台阶、找借口、找心安理得；行动切忌环顾左右、随大流，更不能向后看、沾沾自喜、自甘落后。如行动效果不佳，要深入分析问题的根源，及时找出解决的对策与改进的方法，使行动效果逐步趋于最佳。

④习惯。习惯养成性格，性格决定命运。优秀是一种习惯，懒惰也是一种习惯。人的习惯都是后天形成的，更是个人成长过程的思想行为积淀。我们的言行、举止都是日积月累养成的习惯。所以，我们要努力把优秀变成一种习惯，使优秀行为习以为常，变成我们的第二天性。让我们习惯性地认真学习，习惯性地迎难而上、追求卓越，习惯性地注重细节、一丝不苟，习惯性地珍惜光阴、提高实效，习惯性地虚怀若谷、认真接受批评建议。

⑤途径。首先，扎扎实实地掌握本专业的知识，打好基础、练好基本功；然后，通过对知识的融会贯通、反复咀嚼、消化吸收，体会、领悟知识后面所蕴藏的方法，吸收前辈工程实践的经验与教训；最后，运用方法对一些典型工程或简化的工程进行分析，并不断地、独立地进行思考、修正，逐步形成运用知识、方法来分析问题、解决问题的能力。知识的大部分都会遗忘，而能力、方法则可受益终生。

3. **专业学业规划**

（1）学业规划概述。学业规划，是指为了提高求学者的人生职业（事业）发展效率，而其对与之相关的学业所进行的筹划和安排。具体来讲，是指在求学者完成文化启蒙阶段的学习以后，也就是在决定其职业发展方向的源头上（一般为初中毕业），通过对求学者的自身特点（性格特点、能力特点）和未来、正确认识，确定其人生阶段性事业（职业）目标，进而确定学业路线(专业和学校），然后结合求学者的实际情况（经济条件、工作生活现状、家庭情况等）制订学业发展计划，并通过日常具体地学业管理，以确保用最小的求学成本(时间、精力、资金等）获得阶段性职业目标所必需的素质和能力的过程。

换言之，就是通过解决求学者学什么、怎么学、什么时候学、在哪里学等问题，以确保用最小的求学成本(时间、精力和资金）通过学习成长为满足阶段性职业目标要求的合格人才，从而最大限度地提高求学者的人生职业（事业）发展效率，并实现个人的可持续发展。

（2）学业规划步骤。

①制订目标，规划实施方案，全程监督检查实施。

②性格品质。自信心强，肯吃苦；具有一颗善良的心，待人真诚，能得到大部分人的尊重。

③个人素质。兴趣广泛，在唱歌、写作和诗歌方面略有造诣；适应性较强；具有一定的交际能力，语言逻辑性和表达能力较强；具有一定的工作能力：在组织能力、协调能力、创新能力、预见性和团队意识等方面均有所表现。

④气质。自我形象较好，谈吐得体，具有一定亲和力。

⑤学习能力。领悟性较强，善于学习和勤于学习。

⑥家庭背景。良好的学术氛围，稳定的物质和精神支持，科学的指导，广泛性的兴趣培养。

⑦热爱生活，留心生活，具有一定的敏感性，能把握信息的变化并做出相应的决策。

⑧要了解社会文化、政治经济、人力需求、就业机会、专业方向、课程内容和校园文化等。

⑨制订短期，中期，长期学习规划，明确近期、中期和远期目标。

（3）在评估自己的情况后，拟定实现目标的行动步骤，并达到目标。

①列出你每个目标的先后顺序，依“难易”程度设定。

②列出你要完成每个目标所需要的行动步骤。

③确认实现每个目标潜在的障碍。

④确认对实现目标有帮助的人和团体。

⑤找出解决障碍的方法。

⑥估算每个行动步骤完成的日期。

⑦制订实现目标的计划。

⑧按期评估与考核。

4. 建筑装饰工程技术专业学业规划

大学的课程设置是在保证宽口径和基础培养规格目标来设置的，可以根据个人的性格、优势、喜好设定自己一主多辅的人生职业目标，并据此制订好大学的学习规划，对建筑装饰工程技术专业的学生来说同样如此。

（1）专业学习。专业学习的目标是具备建筑装饰工程技术专业所要求的基础理论和基本技能，具备成为本行业专家的潜质。通过学习，获得本专业所需的职业资格证书（表4-1）。

表4-1　学生毕业后所需证书一览表

序号	考核项目	考核发证部门	等级要求	对接课程名称	考核学期	施教学期
1	英语等级考试	江苏省高校英语能力考委	3．5级	应用英语	1、2	1、2
2	计算机应用能力	教育部考试中心	一级	计算机应用	3	1
3	施工员资格考试	江苏省建设厅		建筑装饰工程施工工艺等多门课程	5	3、4、5
4	造价员资格考试	江苏省建设厅	初级	装饰工程预算	5	4
5	资料员资格考试	江苏省建设厅		建筑装饰工程资料管理	5	5
6	测量员资格考试	江苏省测绘局		测量基础与实践	5	3

（2）工具性知识（英语、计算机和驾驶证）。除了学好专业知识外，本专业学生好需要建立起一整套工具性知识体系，为日后工作提供必需知识储备。

（3）深入本科院校进一步深造。进入本科院校能够丰富自己的知识结构，获得所学领域的深度理论和技能，并为以后的事业提供必要的储备。目前主要的升学途径主要有以下几种。

①“专转本”。专转本是面向省内高职（专科）院校在籍的大二或大三学生，经考试选拔后转入普通民办高校（含独立学院）本科学习的选拔模式。学生须通过全省统一的“专转本”考试。学制2年，其文凭为普通民办高校（含独立学院）的本科文凭和学士学位，如“南京工程学院康尼学院”、“南京财经大学红山学院”等，并注明“专转本”。与“南京工程学院”、“南京财经大学”的本科文凭和学士学位是两码事。“专转本”考试通过率一般为30%左右，学费一般为12000～13000元/年。

②“专接本”。专接本是指全日制在籍专科学生，在校学习四年，第三年除了大专课程学习外，可以申请接读自学考试本科教育的课程，用第三年的业余时间和第四年全部脱产时间完成所有自学考试课程。学生校本成绩可以按比例折算成自学考试课程成绩。文凭为本科院校的自考文凭，例如：“南京财经大学”本科文凭和学士学位，注明“自学考试”。文凭含金量高，国际上都承认。“专接本”通过率一般90%以上，学费：文科类：4200元/年，理科类4500元/年，艺术类4800元/年。

③“专升本”。专升本是指通过成人高考被录取，成绩合格，获取成人高等教育本科文凭和学士学位。例如“南通大学”本科文凭和学士学位，注明成人高等教育。我校合作的院校有江南大学、南通大学。成考通过率一般90%以上，学制2.5年，学费：文科类2000元/年，理科类2200元/年，艺术类3200元/年。

④“自学助考”。自学助考是指学生在校期间参加自学辅导和自学考试，所有课程考核合格，在取得大专毕业证书半年内即可获得“南京艺术学院”本科文凭，符合条件的可获取学士学位。通过率一般90%以上，学费5500元/年。

⑤“网络教育”。网络教学是指通过网上导学、网上授课、网上答疑、网上讨论、网上实验、网上报告等形式进行网络教育，课程合格颁发本科院校普通高等学校毕业证书（加注“网络教育”），按教育部规定统一电子注册，国家承认学历。符合学士学位授予条件者，经申请可授予成人高等教育学士学位并颁发相应证书。网络教育的学制2.5年，所有学费为7000元左右。

（4）素质和综合能力方面。

①品格。坚守诚信为本的原则，培养起高尚的独立人格，拥有明确的人生价值和职业道德。按照目标要求潜心修炼自己的品格，从小处做起。

②文化积淀。一个具有广博学识的人往往能给人留下深刻印象，并赢得尊重（博览群书，努力提升自己的人文素质）。

③个性气质。气质是使人成功的要诀之一，它能够反映出一个人的学识、涵养甚至能力等方方面面，拥有良好的个人气质，能给对方留下良好的第一印象，促进以后的交往。目标：在四年内使自己的整体气质得到提升，熟悉社交中基本礼仪并塑造出自己的人格魅力。

④社会知识和经验。在大学求学期间逐渐培养自己的社会意识，提升自己的管理能力，进一步提升自己的组织能力、协调能力、预见能力和团队意识。

二、专业职业规划

“没有规划，就是在规划失败。”作为大学生，在校期间首先要规划好自己的职业生涯，明确自己努力的目标。

1. 职业生涯规划概述

职业生涯是一个人依据理想的长期目标，所形成的一系列工作选择以及相关的教育或训练活动，是有计划的职业发展历程。职业生涯规划需要个人把个人发展与组织发展相结合，对决定个人职业生涯的个人因素、组织因素和社会因素等进行分析，制订有关对个人一生中在事业发展上的战略设想与计划安排。通俗地说，生涯规划就是一种对人生的角色定位，包括两个方面：一方面是个人做的规划，第二方面是企业为个人做的规划。

2. 个人生涯规划的作用

了解自己的优势和劣势，以扬长避短；找到自己适合的位置，就是给自己定位。一个人的性格、优势、过去的经历，都是规划的依据。优秀的人员并不代表这个人有多伟大，而是他充分发挥了所有的优势。所以人要寻找到自己擅长的平台和频道，去做好自己的人生规划，这样才会更容易成功。

3. 职业生涯规划影响因素

影响职业生涯规划的主要因素主要有个人因素和环境因素。

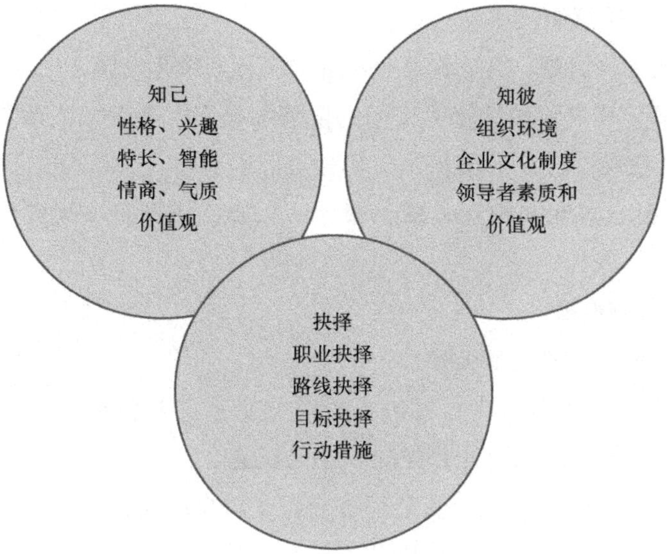

图4-1　职业生涯影响因素图

（1）个人因素。个人因素主要包括性格、兴趣、个人能力。

①个人性格因素。

a.人的性格差异较大，不同的职业对于就业者有不同的性格要求。

b.对企业而言，不同性格特征的人员，决定了每个员工的工作岗位和工作业绩。

c.对于个人而言，不同的性格决定着自己的事业能否成功。

②个人兴趣因素。

a.兴趣对职业生涯的发展至关重要，是职业选择重点考虑的因素之一。

b.根据兴趣特征分类，可以选择与个人兴趣适应的职业。

③个人能力因素。

a.个人事业发展与能力之间有着较紧密的直接关系，而人的能力可分为一般能力和特殊能力两大类。

b.一般能力，又称智力，包括注意力、观察力、记忆力、思维能力和想象力等，一般能力是人们顺利完居各项任务都必须具备的一些基本能力。

c.特殊能力，是指从事各项专业活动的能力，也称特长，如计算能力、音乐能力、语言表达能力等。能力是个人完成任务的前提条件，是影响工作效果的基本因素。能力不同，职业选择就有差异。

（2）环境因素。

①组织环境因素。

a．企业文化。企业文化决定着员工的职业发展方向、发展机会等。

b．管理制度。员工在企业的职业发展，需要完善的企业制度作为保障，如培训制度、晋升制度、考核制度、奖惩制度等。

c. 领导者的素质和价值观。决定着企业是否重视员工职业发展，并为此提供条件与机会。

②社会环境因素。其主要包括就业市场的供需、国家有关劳动人事方面的政策、法规的颁布与实施、政治的变动、经济的增长、市场竞争等。

（3）职业生涯影响因素的相互关系。知己、知彼、抉择三项因素是互相关联的，具体内容如图4–1所示。

4. 职业生涯规划的步骤

职业生涯规划一般要经过九个步骤。

①自我评估。自我评估是对自己做出全面的分析，主要包括对个人的需求、能力、兴趣、性格、气质等的分析，以确定什么样的职业比较适合自己和自己具备哪些潜能。

②组织与社会环境分析。组织与社会环境分析是对自己所处的环境的分析，以确定自己是否适应组织环境或者社会环境的变化以及怎样来调整自己以适应组织和社会的需要。短期的规划比较注重组织环境的分析，长期的规划要更多地注重社会环境的分析。

③生涯机会的评估。生涯机会的评估包括对长期的机会和短期的机会的评估。通过对社会环境的分析，结合本人的具体情况，评估有哪些长期的发展机会；通过对组织环境的分析，评估组织内有哪些短期的发展机会。通过职业生涯机会的评估可以确定职业和职业发展目标。

④选择职业。根据自身的喜好，选择自己喜欢的职业，将个人兴趣与职业结合在一起，是理想人生的第一步。

⑤选择职业生涯路线。装饰工程技术可能的职业生涯路线如下。

a.施工员→技术负责人→项目经理→装饰企业技术副总→装饰企业总经理。

b.设计员→主案设计师→主任设计师→总设计师→资深设计师。

c.造价员→造价师→造价部门经理→项目经理→装饰企业总经理。

d.资料员→技术负责人→项目经理→装饰企业技术副总→装饰企业总经理。

⑥职业生涯目标的确定。职业生涯目标的确定包括人生目标、长期目标、中期目标与短期目标的确定，它们分别与人生规划、长期规划、中期规划和短期规划相对应。一般，我们首先要根据个人的专业、性格、气质和价值观以及社会的发展趋势确定自己的人生目标和长期目标，然后再把人生目标和长期目标进行分化，根据个人的经历和所处的组织环境制订相应的中期目标和短期目标。

职业生涯规划关键就是要将美好愿望转化为坚定的职业方向和可实现的目标。哈佛大学曾做过关于人生目标对人生影响的跟踪调查，历时25年。25年以后，3%的人有长期目标的学生不曾改变，不懈努力，几乎都成了社会成功人士，不乏创业者、行业领袖、社会精英；10%的人有清晰的短期目标的学生大都生活在社会上层，短期部标不断被达成，成为各行业不可或缺的人士，律师、高级主管等；60%的人目标模糊的学生几乎都生活在中下层，能安稳的生活和工作，但都没有什么成绩；27%的人没有目标的学生几乎都生活在社会的最底层，生活大都不如意，常失业，靠救济，常常抱怨他人和社会。由此可见明确的生涯目标的价值。职业生涯目标的特征见表4-2。

表4-2 职业生涯目标的特征

目标周期	特征
短期目标	未必有自己的价值观决定；目标切合实际，有可操作性；有明确具体的完成时间；现实眼光；朝向长期目标；接受现实
中期目标	结合自己志愿和企业环境制订；符合自己的价值观且愿意公之于众；目标切合实际且有所创新；能用明确的语言定量说明；有比较明确的时间且可以适当调整；对目标实现可能性做过评估；全局眼光；与长期目标一致；改变有可能改变的事情
长期目标	是自己认真选择的，和社会发展需求相结合；非常符合自己的价值观，为自己的选择感到骄傲；有时显得可能且具有挑战性；能有明确的语言定性说明；在一定时间范围内实现既可；立志改造环境；长期眼光；目标如一，坚持不懈；创造美好未来

⑦制订行动方案。在确定以上各种类型的职业生涯目标后，就要制订相应的行动方案来实现它们，把目标转化成具体的方案和措施。这一过程中比较重要的行动方案有职业生涯发展路线的选择，职业的选择和相应的教育，培训计划的制订。

⑧评估与反馈。在人生的发展阶段，由于社会环境的巨大变化和一些不确定因素的存在，会使我们与原来制订的职业生涯目标与规划有所偏差，这时需要对职业生涯目标与规划进行评估和做出适当的调整，以更好地符合自身发展和社会发展的需要。职业生涯规划的评估与反馈过程是个人对自己的不断认识过程，也是对社会的不断认识过程，是使职业生涯规划更加有效的手段。

⑨职业生涯规划的内容。职业生涯目标规划，应从一生的发展写起，然后分别定出十年计划，五年、三年、一年计划，以及订出一月、一周、一日的计划。计划定好后，再从一日、一周、一月计划实行下去，直至实现你的一年目标、三年目标、五年、十年目标。

定出未来发展目标：今生今世，你想干什么?想成为什么样的人？想取得什么成就？想成为哪一专业的佼佼者？把这些问题确定之后，你的人生目标也就确定了。

定出今后十年的大计：二十年计划太长，容易令人泄气，十年正合适，而且十年工夫足够成就一件大事。今后十年，你希望自己成为什么样子?有什么样的事业?将有多少收入，计划哪些家庭固定资产投资?要过上什么样的生活?你的家庭与健康水平如何?把它们仔细地想清楚，一条一条地计划好，记录在案。

定出五年计划：定出五年计划的目的，是将十年大计分阶段实施。并将计划进一步具体、详细，将目标进一步分解。

定出三年计划：俗话说，五年计划看头三年。因此，你的三年计划，还要比五年计划更具体、更详细。因为计划是你的行动准则。

定出明年计划：定出明年的计划，以及实现计划的步骤、方法与时间表。务必具体、切实可行。如果从现在开始制定目标，则应单独定出今年的计划。

下月计划：下月计划应包括下月计划做的工作，应完成的任务、质和量方面的要求，财务上收支，计划学习的新知识和有关信息，计划结识的新朋友等。

下周计划：下周计划的内容与下月计划相同。重点在于必须具体、详细、数字化，切实可行。而且每周末提前计划好下周的计划。

明日计划：取最重要的三件至五件事，按事情轻重缓急，按先后顺序排好队，明日按计划去做，可以避免“捡了芝麻，丢了西瓜”。

三、建筑装饰工程技术专业主要职业方向

通过建筑装饰工程技术专业的课程学习，毕业后从事工程技术的有关实际工作，满足一定的条件，可以参加多种形式的国家资质和资格认证考试，取得相应的执业资格，如造价工程师资格考试、监理工程师资格考试、建造工程师资格考试以及咨询工程师资格考试等。这种完备的执业资格考试体系为毕业生毕业后的继续教育指明了途径，为职业能力的提升提供了方案。

1. 建筑行业执业资格制度简介

我国建筑行业执业资格制度自20世纪80年代末开始建立。当时，随着改革开放步伐的加快，为规范市场秩序，保证工程质量，同时也为了推动我国建筑行业走向国际市场和引进外资项目，建设部决定按照国际惯例在建筑设计、工程监理等领域建立注册建筑师和监理工程师执业资格制度，并多次进行考察及调研论证，1992年年底颁发了《监理工程师资格考试和注册试行办法》。1993年国家正式提出建立职业资格制度以后，建筑行业执业资格制度建立工作进入了较快的发展时期。到目前为止，已经建立了注册建筑师、勘察设计注册工程师、房地产估价师、造价工程师、注册城市规划师、监理工程师、房地产经纪人、建造师、物业管理师9个执业资格制度。其中勘察设计注册工程师共划分为17个专业，2002年年底前已实施注册结构工程师、注册土木工程师（岩土）两个专业。室内设计师、风景园林师执业资格制度也已实施。建筑行业执业资格制度框架体系已基本建立。

2. 建筑行业执业资格制度的标准体系

我国建筑行业执业资格制度参照了国际上发达国家较为通用的做法，建立了包括专业教育评估、职业实践训练、资格考试、注册管理、继续教育等标准体系。

（1）专业教育评估。专业教育评估是执业资格制度的重要组成部分。国际上通常把专业教育评估作为执业资格制度的基础，在执业资格制度的形成和发展中，始终把注册执业人员的教育背景作为考察的首要条件，认为要成为合格的执业人员，必须接受良好的专业教育。为

了促进学校专业教育的内容和质量达到规定的要求，通过权威的专门评估机构对学校专业办学思想、办学条件、办学过程、毕业生质量进行全面考察，对照评估标准，做出评估结论。建筑行业执业资格制度实施教育评估制度以来，有效地促进了高等学校建筑类专科专业教学质量的提高，较好地实现了高校培养人才和社会使用人才之间的相互衔接和相互促进。

（2）职业实践训练。注册执业人员的工作，要解决实际问题，丰富的职业实践经验是注册执业人员不可或缺的。一名合格的执业注册人员必须具有全面系统的实践经验和阅历。国际上在开展多边资格认定时对执业注册人员的职业实践要求高于考试要求。因此，于2001年制定了注册建筑师、注册结构工程师职业实践标准，该标准成为注册建筑师、注册结构工程师考试的重要标准。

（3）执业资格的取得。执业资格的取得主要有特许、考核认定、资格考试三种方式。

特许和考核认定是我国在各执业资格制度建立初期对长期从事本专业技术工作、取得突出业绩的专业技术人员实行的减免考试政策。由于我国执业资格制度实施以前，已有一批专业技术人员获得了政府部门授予的高中级专业技术职称，他们的教育水平、实践经验都已达到或基本达到执业资格规定的标准。因此，国家制定了专门的特许或考核认定办法，规定了对这部分专业技术人员的学历、实践年限、业绩等条件，按规定的程序推荐，由原建设部、人事部共同核准执业资格。这个政策解决了新老制度的衔接问题，保证了执业注册制度的顺利进行。

资格考试是取得执业资格的重要方式。建筑行业各种执业资格普遍实行全国统一考试大纲、统一命题、统一组织考试、统一评分标准的办法。经执业资格全国统一考试合格的人员，由国家授予相应的执业资格证书。

（4）注册管理。注册管理包括注册审批和注册期内的执业管理。

实行注册管理是建立执业资格制度的主要目的。建设行业执业资格制度一般把注册分为三类。

①初始注册，即取得执业资格后的第一次注册。

②续期注册，即注册期满，再次申请注册。

③变更注册，即注册人员因注册单位等内容变化而申请的注册。

已经取得执业资格的人员，符合注册执业条件的可向省级注册管理机构申请注册，省级注册机构受理并审查后报全国注册管理机构审批，经批准注册的人员由注册管理机构颁发相应的注册证书。只有批准注册的人员才能以注册执业人员的名义执业，并享有相应的权利和义务。注册有效期一般为2～3年。

建筑行业的九项执业资格制度都制定了相应的《注册管理规定》、《执业管理规定》、《执业人员信用档案》等。通过上述规定，明确了各执业资格的审批主体和审批程序以及注册人员的责任、权利、义务。注册管理机构都建立了相应的《执业人员管理信息系统》，供社会查询执业人员的基本信息和信用情况。

（5）继续教育。注册执业人员继续教育是执业资格制度的重要组成部分。注册执业人员继续教育的目的是使其适应行业发展的需要，及时了解和掌握本专业国内外技术、经济、管理、法规等方面的动态，使执业人员的知识和技能不断得到更新、补充、拓展和提高，以完善其知识结构，提高执业能力。参加和接受继续教育是注册建筑师的权利和义务，完成继续教育学时和考核结果作为逾期初始注册、延续注册和重新申请注册的必要条件之一。

执业人员在注册期内，每年应接受40学时的继续教育。其内容分为必修课和选修课，必修课和选修课的时间由执业资格注册管理机构规定，一般为各占50%。必修课内容由全国或省级注册管理机构指定并组织实施，一般采取面授培训或网络教育培训的培训方式。选修课的培训方式包括参加面授培训、网络教育、参加国际或全国的专业学术会议、在有国际标准刊号（ISSN）和国内统一刊号（CN）的正式期刊上发表相关专业学术论文、出版专著或译著以及经全国注册管理机构批准的符合继续教育内容及要求的其他情形。

3. **本专业紧密结合的执业资格**

（1）注册造价工程师。

①考试形式。全国造价工程师执业资格考试由国家住建部与国家人力资源和社会保障部共同组织，考试每年举行一次，造价工程师执业资格考试实行全国统一大纲、统一命题、统一组织的办法。原则上每年举行一次，原则上只在省会城市设立考点。考试采用滚动管理，共设5个科目，单科滚动周期为2年。

②考试资格。凡中华人民共和国公民，遵纪守法并具备以下条件之一者，均可申请造价工程师执业资格考试。

a.工程造价专业大专毕业，从事工程造价业务工作满5年；工程或工程经济类大专毕业，从事工程造价业务工作满6年。

b.工程造价专业本科毕业，从事工程造价业务工作满4年；工程或工程经济类本科毕业，从事工程造价业务工作满5年。

c.获上述专业第二学士学位或研究生班毕业和获硕士学位，从事工程造价业务工作满3年。

d.获上述专业博士学位，从事工程造价业务工作满2年。

上述报考条件中有关学历的要求是指经国家教育部承认的正规学历，从事相关工作经历年限要求是指取得规定学历前后从事该相关工作时间的总和，其截止日期为当年年底。

③考试科目。《工程造价管理基础理论与相关法规》、《工程造价计价与控制》、《建设工程技术与计量（土建或安装）》、《工程造价案例分析》。

（2）注册建造师。

①考试形式。一级建造师执业资格实行全国统一大纲、统一命题、统一组织的考试制度，由住建部、人力资源和社会保障部共同组织实施，原则上每年举行一次考试；二级建造师执业资格实行全国统一大纲，各省、自治区、直辖市命题并组织的考试制度。考试内容分为综合知识与能力和专业知识与能力两部分。报考人员要符合有关文件规定的相应条件。一

级、二级建造师执业资格考试合格人员可分别获得《中华人民共和国一级建造师执业资格证书》、《中华人民共和国二级建造师执业资格证书》。

②考试资格。

a.取得工程类或工程经济类大学专科学历，工作满6年，其中从事建设工程项目施工管理工作满4年。

b.取得工程类或工程经济类大学本科学历，工作满4年，其中从事建设工程项目施工管理工作满3年。

c.取得工程类或工程经济类双学士学位或研究生班毕业，工作满3年，其中从事建设工程项目施工管理工作满2年。

d.取得工程类或工程经济类硕士学位，工作满2年，其中从事建设工程项目施工管理工作满1年。

e.取得工程类或工程经济类博士学位，从事建设工程项目施工管理工作满1年。

③考试科目。一级建造师执业资格考试设《建设工程经济》、《建设工程法规及相关知识》、《建设工程项目管理》和《专业工程管理与实务》4个科目。其中《专业工程管理与实务》科目设置10个专业类别：建筑工程、公路工程、铁路工程、民航机场工程、港口与航道工程、水利水电工程、市政公用工程、通信与广电工程、矿业工程、机电工程。

（3）高级室内设计师。

①考试形式。

a.现场理论和实际技能操作考试。

b.理论考试采用现场笔试方式，技能考核采用现场实际设计手绘制图方式。

c.按命题要求做出，使用标准2号图纸，绘制出地平面图、主要墙立面图、一处重点部分结点图、彩色透视效果图，写出设计说明。

②考试资格。

a.专业学历及工作经历。大专学历，8年工作经验；本科学历，5年工作经验。

b.业绩。主持设计室内装饰大型公共工程项目五个以上；在省级以上报刊上发表过论文，或有专著，或在全国室内设计大展获得过金奖或银奖。

c.外语。能熟练掌握一门外语。

③考试内容。理论知识：设计原理、专业设计基础、室内设计表现技法。手绘：室内设计创意草图、施工图、效果图。

四、建筑装饰工程技术专业创业

1. 创业概述

创业是创业者通过发现和识别商业机会，成立活动组织，利用各种资源，提供产品和服务，以创造价值的过程。构成创业系统的三个节点是商机、资源和团队。创业活动的核心是对于商机的发现，对资源的开发与利用，以及创业团队对商机与资源的平衡。

2. **大学生创业的意义**

（1）大学生创业活动有利于经济发展。

（2）大学生创业能促进科技创新和科技成果的直接转化。

（3）大学生创业有利于拓宽就业渠道。

（4）大学生创业是实现自身价值的重要形式。

3. **创业的基本程序**

（1）选定创业项目。选择干哪行是面临的最重要的抉择之一，应选择能为你带来成就感和目标感的职业。选定好的创业项目是创业成功的前提和基础。选择哪种创业项目一般由创业者的性格、专长、实力和所处环境而定。

（2）组建创业团队。当创业者决定创业，选定了创业项目后，最重要的任务就是组建创业团队。如果有志同道合的伙伴互相支持，分工合作，将大大加快创业的步伐。

（3）拟定创业计划。创业计划是创业者就某一项具有市场前景的新产品或服务，向潜在投资者、风险投资公司、合作伙伴等说明，以取得合作支持或风险投资的可行性商业报告，又叫商业计划书。

（4）筹集创业资金。筹集创业资金主要依靠银行等金融机构来实现，形式有银行贷款、信用贷款、担保贷款。

（5）办理创业的有关法律手续。根据《个人独资企业法》的规定申请注册个人独资企业；办理工商登记；办理税务登记。

（6）创业计划的实施与管理。按照拟定的创业计划要求，组织调配人、财、物等资源，实施创业计划并加强管理。

思考题

1. 列举建筑装饰工程技术专业的主要学习方法。
2. 谈谈如何规划你的大学学业生涯。
3. 建筑职业规划的基本程序是什么？
4. 谈谈你如何规划你未来的职业生涯。
5. 简述创业的基本程序。
6. 简述建筑装饰工程技术专业考证要求和学分要求。

参考文献

[1] 中国建筑业协会．中国建筑业发展研究报告[M]．北京：中国统计出版社，2012．

[2] 孙晓红．建筑装饰材料与施工工艺[M]．北京：机械工业出版社，2001．

[3] 叶列平．土木工程科学前言[M]．北京：清华大学出版社，2006．

[4] 纪颖波．建筑工业化发展研究[M]．北京：中国建筑工业出版社，2011．

[5] 中华人民共和国建设部．建筑装饰装修工程质量验收规范[M]．北京：中国建筑工业出版社，2001．

[6] 胡恩立，张东伟，马国杰．大学生职业规划与就业与就业创业指导[M]．郑州：郑州大学出版社，2012．

[7] 姜大源．职业教育学研究新论[M]．北京：教育科学出版社，2006．

[8] 黄俊杰．全球化时代的大学通识教育 [M]．北京：北京大学出版社，2006．

[9] 师瑞峰．对大学生职业生涯规划的分析与思考 [J]．科技致富向导，2013(36).

[10] 韩锡波．建构高职院校职业生涯规划教育体系[J]．网友世界，2013(13)：116．

[11] 于建春．浅谈大学生学业规划[J]．科技致富向导，2010(3)：34–35．

附录

附录一：专业认知与职业规划调查表

建筑装饰工程技术专业认知度调查（一）

亲爱的新生，你们好！

告别了难忘的中学岁月，欢迎大家来到江苏工程职业技术学院建工学院，在这里将开始新的一段人生旅程，你做好准备了吗？让我们协助你踏上这段新的征程吧。为此，我们设计此份问卷，了解你们的大学动态，更好地做好相关工作。

Q1．你所学专业是你报的第几志愿（　　）（选择1、2、3的同学请继续答Q2）

1．第一　2．第二或第三　3．第四或第五　4．服从调剂

Q2．你当初选择此专业的理由是（　　）

1．符合个人理想兴趣　2．好找工作　3．父母的意见　4．高考分数的限制　5．他人推荐

Q3．报考前你对自己所学专业的了解程度？（　　）

1．很了解　2．了解　3．一般　4．不了解　5．很不了解

Q4．你报考该专业的主要信息来源是（　　）

1. 网络或新闻媒体　2. 父母或师长　3. 朋友或同学　4. 凭自己感觉　5. 其他__________

Q5．认为确定大学学习专业的最佳方式是（　　）

1．按照各省招生考试报上公布的招生专业目录明确填报

2．按照专业大类（如机械类、电子类，土木类等）进行志愿填报，经1年学习后，在该专业平台上再进一步选择专业

3．按照文、理大类填报志愿，经1年学习后，在该专业平台上再进一步选择专业

4．其他__________________________

Q6．你对自身兴趣的综合评价是：

综合评价	很高	高	不清楚	低	很低
报考前对自身兴趣的把握程度	1	2	3	4	5
刚入学对所学专业的满意度	1	2	3	4	5
经过两三年学习对本专业热爱程度	1	2	3	4	5

Q7．你认为本专业的培养目标应该是（　　）

1．理论研究型　2．技能应用型　3．复合应用型　4．其他＿＿＿＿＿

Q8．你认为本专业教学实践环节中对实践能力培养最重要的是（　　）

1．毕业实习　2．社会实践　3．模拟实习　4．学年论文　5．其他

Q9．认为本专业学生重要的五项素质是（　　）

1．品德修养　2．专业知识　3．社会责任感　4．专业技能　5．创新能力

6．实际工作能力　7．学习能力　8．外语应用能力　9．计算机应用水平

Q10．认为本专业教育中存在的五个突出问题是（　　）

1．培养目标定位不准确　2．忽视个性培养　3．教学设施不能满足需要

4．图书资料不能满足需要　5．教师数量不足　6．教学质量不高

7．教学方法单一　8．教学内容陈旧　9．教学管理水平差

10．实践环节薄弱　11．缺乏案例教学　12．选修课数量不足

Q11．你对本专业课程老师的整体评价是：

综合评价	很好	较好	一般	较差	很差
学术水平	1	2	3	4	5
知识结构	1	2	3	4	5
敬业精神	1	2	3	4	5
教学方法	1	2	3	4	5
教学质量	1	2	3	4	5

Q12．你对课程设置满意度的综合评价是：

综合评价	很高	高	一般	低	很低	不清楚
课程体系和教学内容设计的合理程度	1	2	3	4	5	6
所学课程对掌握专业知识和技能帮助度	1	2	3	4	5	6
经过两三年学习，你实践能力提高程度	1	2	3	4	5	6
专业培养目标和规格与社会需求相符度	1	2	3	4	5	6
所学专业对以后学习工作帮助程度	1	2	3	4	5	6

Q13．你对学校教辅设施的综合评价是：

综合评价	很满意	满意	一般	不满意	很不满意
本专业教学条件	1	2	3	4	5
本专业教材选用	1	2	3	4	5
本专业图书资料	1	2	3	4	5
本院系教务人员管理与服务	1	2	3	4	5

Q14．你认为本专业学生的学习风气（　　）

1．好　2．较好　3．一般　4．较不好　5．不好

Q15．你认为本专业在哪些办学条件上应加强（　　）（可多选）

1．加强实验室建设　2．加强实习基地建设　3．购买图书资料

4．加大经费投入　　5．其他____________

Q16．你是否愿意毕业后继续从事与本专业有关的学习与工作（　　）

1．愿意　2．不愿意　3．视情况而定

Q17．如果你的亲戚或朋友要报专业，你会建议他报考你所学专业吗（　　）

1．强烈建议　2．视情况而定　3．不会建议　4．坚决反对

Q18．你认为社会对你所学专业毕业生的需求情况（　　）

1．许多地方需要　2．局部需要　3．靠自己去找　4．潜在需要　5．基本不需要

Q19．你对本专业的信心度如何（　　）

1．很有信心　2．有信心　3．一般　4．无信心　5．很没信心

Q20．影响对本专业信心度的原因主要来自哪些方面（　　）（可多选）

1．专业实力　2．专业前景　3．科研情况　4．学校实力　5．自身能力　6．学习风气

7．考研情况　8．就业情况　9．社会认可

Q21．你对大学生活、学习还有那些期望，对班主任、辅导员或任课教师有何建议？

建筑装饰工程技术专业认知度调查（二）

各位同学：

相信通过一段时间的学习,你对建筑装饰工程技术专业专业有了进一步的了解。下面有20个问题,请从每个问题后面的四个选项中选出您认为最好的答案,并在答题纸上相应的英文字母上打勾。请注意：凡未注明“可多选”的问题均为单项选择题。

1．你的专业方向：

A.装饰设计　B.工程管理

2. 现在对自己所学专业是否了解？

A. 已经了解清楚 B. 比入校前了解多一点 C. 还是了解得很模糊

3. 你对与自己专业专业计划了解多少？

A. 非常了解 B. 比较了解 C. 还行 D. 一点点 E. 不了解

4. 你对与自己专业专业课程了解多少？

A. 非常了解 B. 比较了解 C. 还行 D. 一点点 E. 不了解

5. 你对与自己专业培养目标了解多少？

A. 非常了解 B. 比较了解 C. 还行 D. 一点点 E. 不了解

6. 你对与自己专业工作前景了解多少？

A. 非常了解 B. 比较了解 C. 还行 D. 一点点 E. 不了解

7. 你对与自己专业相关资格证的考试信息了解多少？

A. 非常了解 B. 比较了解 C. 还行 D. 一点点 E. 不了解

8. 你是否喜欢本专业开设的课程？

A. 喜欢 B. 比较喜欢 C. 一般 D. 不喜欢

9. 对专业课程的数量你的看法是？

A. 太多 B. 较多 C. 适中 D. 较少 E. 太少

10. 你是否喜欢本专业老师的教学方式？

A. 喜欢 B. 比较喜欢 C. 一般 D. 不喜欢

11. 你是否知道本专业实践地点具体位置？

A. 知道 B. 不知道

12. 你从以下哪几方面知道自己所学专业的就业渠道？

A. 老师介绍 B. 家人、朋友 C. 浏览网页 D. 杂志、报刊 E. 招聘信息 F. 其他

13. 你喜欢自己的专业吗？

A. 很喜欢 B. 喜欢 C. 一般 D. 没感觉 E. 不喜欢

14. 你觉得自己的专业怎么样？

A. 很好 B. 好 C. 一般 D. 不好 E. 很差

15. 有没有想过换专业？

A. 有 B. 没有

16. 请问你现在对所学专业的满意度是

A. 非常满意 B. 满意 C. 基本满意 D. 基本不满意 E. 非常不满意

17. 通过这几年的专业学习，你觉得自己学到很多东西吗？

A. 学到了很多 B. 一般，不是很多 C. 感觉什么也没学到

18. 专业知识学习得越多，你觉得自己更加了解这个专业吗？

A. 是的，越来越了解专业

B．学习没有对我的专业了解帮助太多

C．我了解专业跟专业学习无关

19．你对本专业的一些教材感觉如何？

A．一点都不合格　B．还过得去　C．很合格　D．无所谓

20．你觉得你们班的学习本专业的欲望？

A．很多人都无所谓　B．很多人都能严格要求自己　C．一般　D．不知道

21．写下你现阶段，专业学习的情况（体会、困惑、意见、建议）：

____

____

感谢你的参与，祝你学习愉快！

附录二：专业认知与职业规划教学大纲

一、 课程性质和任务

《专业认知与职业规划》课程作为职业技术必修课程，设置在大学新生第一学期，定位为专业导论课程。在人才培养过程中，其主要起专业导航或导游、专业思想的引领、专业学习及职业规划的向导、学习方法引导以及提高学习积极性的作用。

学生通过该课程的学习，初步了解建筑装饰行业，感知未来就业岗位，建立对专业的信心，激发学习兴趣，明确学习目标，提高学习动力，认知专业学习课程体系和学习方法，在教师指导下对学业和职业做出初步规划，最终达到科学规划，积极发展的目的。

二、教学目标

1. 学生通过行业概述、专业认知的学习熟悉本专业所属行业，了解行业发展前景，认同成功人士的经验。

2. 初步了解高职教育的特点，学校的办学特色，专业的关联性以及感知专业的工作环境。

3. 初步理解本专业人才培养方案和专业课程的设置思路，认可专业教学方法和专业学习方法。

4. 提前初步设计学业生涯和科学合理规划自己的职业生涯，建立学习的信心。

5. 通过专业考察，进一步帮助学生熟悉专业的职业环境，了解自己未来的工作情景。

三、教学内容及要求

1. 行业概况

（1）授课模式：多媒体讲授、专家讲座。

（2）教学内容。

①建筑装饰装修概念界定。

②建筑装饰装修行业发展的基本情况。

③影响建筑装饰装修行业发展的主要因素。

④建筑装饰装修行业发展趋势。

⑤南通市建筑装饰装修行业发展情况介绍。

⑥南通市知名装饰企业简介。

2. 专业认知

（1）授课模式：多媒体讲授、现场参观。

（2）教学内容。

①认识土木工程，分析建筑装饰工程技术在土木工程中的地位。

②知道高等职业教育的功能，区别高职教育与其他各类教育。

③知道通识教育，区分通识教育与专业教育的关系。

④知道建筑装饰工程技术工程专业发展概况和我院该专业发展情况。

⑤深刻领会装饰专业人才培养目标与就业岗位人才素质要求。

3. **专业教学**

（1）授课模式：多媒体讲授、校内外参观。

（2）教学内容。

①建筑装饰工程技术专业人才培养方案与人才培养模式。

②认识建筑装饰工程技术专业教学计划与学分安排。

③认知建筑装饰工程技术专业课程体系设置。

④认识建筑装饰工程技术专业教学资源。

4. **学涯设计与职业规划**

（1）授课模式：多媒体讲授。

（2）教学内容。

①认识建筑装饰工程技术专业学习原理与学习方法。

②阐述建筑装饰工程技术专业职业资格证书要求与学业生涯设计。

③描述建筑装饰工程技术专业职业规划。

④判断与建筑装饰工程技术相关行业中创业的策略选择。

5. **专业实习（参观考察与讨论）**

（1）授课模式：观看影像、视频资料，校内外参观。

（2）教学、实习内容。

①通过实习，对建筑装饰工程技术专业有较深刻的了解。

②理论联系实际，巩固和深入理解已学的理论知识，并为后续课程的学习积累感性知识。

③通过亲身参加施工实践，培养分析问题和解决问题的独立工作能力，为将来参加工作打下基础。

④通过工作和劳动，了解装饰工程的基本生产工艺过程中的生产技术技能。

⑤与工人和基层生产干部密切接触，学习他们的优秀品质和先进事迹。

四、学时分配

序号	教学内容	学时安排		小计
		理论	实践	
1	行业概况	4	2	6
2	专业认知	4	2	6
3	专业教学	2	2	4

续表

序号	教学内容	学时安排		小计
		理论	实践	
4	学业与职业规划	4		4
5	专业见习		4	4
总计		14	10	24

注 总学时24，以上课时分配建议仅供参考，各位教师制订授课计划可以在不违背本大纲精神的前提下根据实际情况做相应调整。

五、课程质量标准

（1）要求学生形成一份专业认知与职业分析报告。

（2）要求学生形成一份专业见习报告。

（3）本课程为考查课，教师根据学生的学习态度、考勤情况、见习态度、总结报告综合评定成绩，具体分布如下：总成绩=平时成绩×20%+专业认知与职业规划分析报告×40%+专业见习报告×40%

六、其他说明

（1）任课教师应该熟悉本专业的培养方案、教学计划、课程设置，熟悉本专业发展前景，熟悉本专业的岗位群和岗位需求，具有较成熟的高职教学经验。

（2）积极联系实习单位、联系实习工程项目，合理安排实习内容，认识实习的内容应该涵括专业学习的内容。

（3）认真评阅实习报告，了解学生的思想，以便正确引导学生对专业、职业的认识，激发学生的学习兴趣，树立学好专业的信心。

建工系工程技术教研室修订

2013年9月

附录三：专业认知与职业规划实习指导书

一、见习目的

（1）通过实习，对建筑装饰工程技术专业有较深刻的了解。

（2）理论联系实际，巩固和深入理解已学的理论知识，并为后续课程的学习积累感性知识。

（3）通过亲身参加施工实践，培养分析问题和解决问题的独立工作能力，为将来参加工作打下基础。

（4）通过工作和劳动，了解装饰工程的基本生产工艺过程中的生产技术技能。

（5）与工人和基层生产干部密切接触，学习他们的优秀品质和先进事迹。

二、实训的具体内容

（1）建筑装饰工程技术工作环境。

（2）建筑装饰工程技术施工环境。

（3）建筑装饰施工工艺流程。

三、实训时间

实训安排在建筑材料课程教学中，根据实训单位的具体情况灵活安排。

实习班级	实习单位	时间	实习内容
装饰设计	江苏全筑建设有限公司	第八周	建筑装饰工程技术工作环境
装饰设计	江苏全筑南通大饭店项目部	第八周	建筑装饰工程技术与工艺流程
装饰管理	江苏全筑建设有限公司	第八周	建筑装饰工程技术工作环境
装饰管理	江苏全筑南通大饭店项目部	第八周	建筑装饰工程技术与工艺流程

四、考核要求

教学计划中规定的专业认知与职业规划包含一定的专业见习课时，实训成绩作为专业认知与职业规划课程考核的一部分。

实习结束时学生提交实习报告，对学生的见习表现和实习报告进行综合考核。